过程安全管理实施指南

（第二版）

Guidelines for Implementing Process Safety Management, Second Edition

〔美〕Center for Chemical Process Safety　编著
苏国胜　李　欣　赵　鑫　赵英杰　等译
牟善军　白永忠　校
孙万付　审

中国石化出版社

内 容 提 要

本书为翻译图书，是在 CCPS 出版的《过程安全管理实施指南(第一版)》基础上，结合近年企业过程安全管理的研究成果和实施经验，对相关内容进行了更新和完善，增加了过程安全管理的实践案例，介绍了新增的过程安全要素含义及应用，阐述了过程安全管理体系的维护和提升，并讲解了如何在现有过程安全管理体系中增加一个或多个新要素、如何运用过程安全管理体系提升安全绩效、怎样维护或提升现有过程安全管理体系以及管理未来过程安全绩效等问题。

本书可作为国内企事业单位、研究机构等从业人员的培训或参考材料，也可作为高等院校相关专业在校学生的学习教材。

著作权合同登记　图字：01-2017-0315 号

Guidelines for Implementing Process Safety Management, Second Edition
By Center for Chemical Process Safety(CCPS), ISBN:9781118949481

图书在版编目(CIP)数据

过程安全管理实施指南:第二版/美国化工过程安全中心编著;苏国胜等译.—北京：中国石化出版社，2020.5(2022.4 重印)
书名原文：Guidelines for Implementing Process Safety Management, Second Edition
ISBN 978-7-5114-5777-6

Ⅰ.①过… Ⅱ.①美… ②苏… Ⅲ.①化工过程-安全管理-指南 Ⅳ.①TQ02-62

中国版本图书馆 CIP 数据核字(2020)第 065167 号

中国石化出版社出版发行

地址:北京市东城区安定门外大街 58 号
邮编:100011　电话:(010)57512500
发行部电话:(010)57512575
http://www.sinopec-press.com
E-mail:press@sinopec.com
北京富泰印刷有限责任公司印刷

*

710×1000 毫米 16 开本 12.5 印张 238 千字
2020 年 5 月第 1 版　2022 年 4 月第 2 次印刷
定价:88.00 元

译者的话

作为过程安全管理的权威研究机构，美国化学工程师协会(AIChE)下属的化工过程安全中心(CCPS)出版了100多部工业安全领域的相关书籍，引领了过程安全技术和管理的发展。《过程安全管理实施指南(第二版)》是CCPS在第一版基础上，根据2007年出版图书《基于风险的过程安全》所提出的过程安全管理20个要素内容，结合近年企业过程安全管理的实践经验，对过程安全管理体系进行的全面升级和完善。本书在推广过程安全管理理念、实施过程安全管理体系、持续提升过程安全绩效等方面具有重要意义。

与职业安全管理相比，过程安全管理侧重于预防、减缓、避免和应对生产过程中因化学品或能量泄漏导致的灾难性事故，强调运用基于风险的方法来管理与生产过程相关的工艺、设备、技术、人员和文化等，并通过定期的评估和审核来实现企业过程安全绩效的持续保持与提升。本书介绍了过程安全管理要素的含义，重点讲解了过程安全管理体系的建立、实施、变更和改进，阐述了过程安全管理与企业其他业务管理体系的融合。通过实施案例和经验教训，本书还提供了企业过程安全管理的工作指导和实用工具。

为将过程安全管理的最新研究成果及企业应用情况介绍给国内读者，中国石化青岛安全工程研究院组织从事过程安全管理的企业专家、研究人员等对本书进行了翻译。

本书中文版的发行，得到了中国石化出版社、CCPS、John Wiley & Sons、化学品安全控制国家重点实验室及行业内多位专家、学者的支持和帮助，在此表示真诚感谢。

由于译者水平有限，时间紧促，译著中难免存在谬误之处，恳请读者朋友批评指正。

目　　录

网站上与本书相关的文件

关于过程安全管理工具使用指南和相关文件，请访问以下网站：
http://www.aiche.org/ccps/implementing-ps-download
密码：Implement 2016

- 礼来制药公司、PSM 工具和全球整合的过程安全管理(GIPSM)图(即 PSM 体系工作流程)，包括：
  1. 过程风险筛选工具
  2. 开车前安全审查(PSSR)过程描述文件
  3. 开车前安全审查(PSSR)图
  4. 开车前安全审查(PSSR)要求文件
  5. 安全关键性操作(SCO)选择工具
  6. PSI 模板
  7. 变更管理响应和 IAT(影响评估工具)评议
  8. MI 清单-举例
  9. 机械完整性测试和检查(MITI)指南
  10. 潜在灾难性危害(CPH)风险筛选工具和样例
  11. CPH 程序
  12. 严重伤亡(SIF)前导性指标
  13. 过程风险审查流程图(6)
  14. 资金项目的过程风险审查图(5)
- 过程安全文化调查(贝克委员会报告)
- PSM 项目实施方案举例
- PSM 软件编制
- 美国得州化学理事会职业安全委员会 2008 年出版的*《承包商安全和健康指南》*
- 各类国际性规范及行业良好实践的副本(参考附录Ⅰ)
- 整合过程安全/HSSE/业务的三角关系和矩阵

插图清单

表格清单

缩 略 语

ACC ——American Chemistry Council 美国化学理事会

AIChE ——American Institute of Chemical Engineers 美国化学工程师协会

ALARP ——As Low as Reasonably Practicable 尽可能合理降低原则

ANSI ——American National Standards Institute 美国国家标准学会

API ——American Petroleum Institute 美国石油学会

ASME ——American Society of Mechanical Engineers 美国机械工程师学会

ASTM ——American Society for Testing and Materials 美国材料与试验学会

BMS ——Business Management System 业务管理系统

CA ——Compliance Audits 合规性审核

CapEx ——Capital Expenditure 资本支出

CCPS ——Center for Chemical Process Safety 化工过程安全中心

CFATS ——Chemical Facility Anti-Terrorism Standards 化工装置反恐标准

CFR ——Code of Federal Regulations 联邦法规

CIAC ——Chemical Industry Association of Canada 加拿大化学工业协会

COMAH ——Control of Major Accident Hazards(UK HSE Regulation)重大事故隐患控制(英国 HSE 规定)

CON ——Contractors 承包商

COO ——Conduct of Operations 操作守则

CPH ——Catastrophic Potential Hazard 潜在灾难性危害

CPI ——Chemical Process Industry 化学加工工业

CSChE ——Canadian Society for Chemical Engineering 加拿大化学工程学会

CWS ——Compliance with Standards 标准符合性

EHS ——Environmental, Health, and Safety 环保、健康和安全

EP ——Employee Participation 员工参与

EPA ——U. S. Environmental Protection Agency 美国环保署

EPR ——Emergency Planning and Response 应急预案和响应

EU ——European Union 欧盟

FMEA ——Failure Mode and Effects Analysis 故障类型与影响分析

GIPSM ——Globally Integrated Process Safety Management 全球整合的过程安全管理

HAZOP ——Hazard and Operability 危险与可操作性分析

HR ——Human Resources 人力资源

HRO ——Higher Risk Operation 高风险操作

HSE ——Health and Safety Execution（UK）；Health，Safety，and Environmental 健康与安全执行局（英国）；健康、安全和环保

HWP ——Hot Work Permit 动火许可证

ICI ——Imperial Chemical Industries 帝国化学工业公司

II ——Incident Investigation 事件调查

IIAR ——International Institrte of Ammonia Refrigeration 国际氨制冷协会

IMS ——Information Management System 信息管理系统

IP ——Intellectual Property 知识产权

IT ——Information Technology 信息技术

ITPM ——Inspection，Testing，and Preventive Maintenance 检查、测试以及预防性维护

KPI ——Key Performance Indicator 关键绩效指标

LOPA ——Layer of Protection Analysis 保护层分析

MARSEC ——Maritime Security 海事安全

MI ——Mechanical Integrity 机械完整性

MITI ——Mechanical Integrity Test and Inspection 机械完整性测试和检查

MKOPSC ——Mary Kay O'Connor Process Safety Center 玫琳凯奥康纳过程安全中心

MOC ——Management of Change 变更管理

NFPA ——National Fire Protection Association 美国消防协会

OD ——Operational Discipline 操作纪律

OECD ——Organisation for Economic Cooperation and Development 经济合作与发展组织

OP ——Operation Procedures 操作程序

OSHA ——U. S. Occupational Safety and Health Administration 美国职业安全和健康管理局

P&ID ——Piping and Instrumentation Diagram 管道和仪表流程图

PAR ——Performance Assurance Review 绩效保证审查
PDCA ——Plan-Do-Check-Adjust 计划—实施—检查—改进
PHA ——Process Hazard Analysis 过程风险分析
PIT ——Powered Industrial Truck 工业用电动车
PSC ——Process Safety Competency 过程安全能力
PSI ——Process Safety Information 过程安全信息
PSM ——Process Safety Management 过程安全管理
PSN ——Process Safety Network 过程安全网络
PSSR ——Pre-startup Safety Review 开车前安全审查
QRA ——Quantitative Risk Assessment 定量风险评估
RAGAGEP ——Recognized and Generally Accepted Good Engineering Practice 公认且普遍接受的良好工程实践
RASCI ——Responsible, Accountable, Supports, Consulted, Informed 负责、问责、支持、商讨、通知
RBI ——Risk Based Inspection 基于风险的检查
RBPS ——Risk Based Process Safety 基于风险的过程安全
RCA ——Root Cause Analysis 根原因分析
REACH ——Registration, Evaluation, Authorisation & Restriction of Chemicals 化学品的登记、评估、授权和限制
RMP ——Risk Management Program 风险管控计划
RP ——Recommended Practice 推荐的惯例
SAWS ——State Administration of Work Safety (China) 国家安全生产监督管理总局(中国)
SCO ——Safety Critical Operation 安全关键性操作
SDS ——Safety Data Sheet 安全数据表
SHE ——Safety, Health, and Environmental 安全、健康和环保
SHEQ&S ——Safety, Health, Environmental, Quality, and Security 安全、健康、环保、质量和公共安全
SIF ——Serious Injury and Fatality 严重伤亡
SPI ——Safety Performance Indicator 安全绩效指标
TAPPI ——Technical Association of the Pulp and Paper Industry 纸浆与造纸业技术协会

TQ ——Threshold Quantity 临界量

TQM ——Total Quality Management 全面质量管理

TRN ——Training 培训

UK ——United Kingdom 英国

WHS ——Work Health and Safety 工作健康和安全

术　语

OSHA 过程安全管理(OSHA PSM)：要求执行一套包含 14 个要素的管理体系的美国法规标准，旨在预防或减缓法规 29 CFR 1910.119 所要求的化学品或能量灾难性泄放而造成的影响。

PSM 审核：确定 PSM 程序运行状态和质量的工作活动。该审核不仅是 OSHA 的 PSM 标准所要求的审核，而且是对任何 PSM 项目的审核。

安全：在既定条件下系统不会危及人员生命、造成经济损失和破坏环境的一种期望状态。

安全操作限值：综合考虑设备的设计限值和过程动力学而建立的，针对关键过程参数如温度、压力、液位、流量或浓度等限制范围。

安全工作惯例：管理非常规活动(如动火作业、打开工艺容器或管线，或进入受限空间等)相关风险的一整套政策、程序、许可制度及其他系统。

安全上/下限：指设备设计时自身的限制而非与质量相关的操作限值。有时这些限制数值被称为设计限值(例如设计压力和温度)。

安全系统：用于预防或消除事故，从而避免事故损失或降低事故危害的设备或程序。

安全仪表系统(SIS)：为过程安全操作而提供的仪表、控制和联锁。

保护层分析(LOPA)：使用初始事件频率、独立保护层失效概率和后果严重性的预定义数值来分析某个事件场景(原因-结果成对)，从而将该事件场景的风险估算结果与风险标准相比较，确定何处需要额外的风险控制措施或更详细的分析。在其他情况下识别事件场景时，通常使用基于场景的风险评估方法，如 HAZOP 分析法。

本质安全：一种安全理念或方法，用于消除或减少在一组条件下产生的危害。

变更管理：用于识别、审核、审批设备、程序、原料、生产条件的所有改动(而非替换)工作的一套管理流程。该流程在执行变更工作之前实施，旨在确保对生产过程的变更进行过分析(如潜在的不良影响)、记录以及与相关员工的沟通。

变化：数据、过程参数或人员行为的改变。在给定的限制内，数据、过程参数和人员行为所发生的变化是可预期、可接受的。在既定范围之外的变化称之为偏差。

变量：数值可以变化且一般可被测量出的一个量或条件。变量可取不同值且每次取一个值。注：变量的数值通常被限制为特定的数据类型。

标准：PSM 程序要素之一，遵循标准有助于识别、编制、获取、评估、推广或查阅适用于设备设施和过程安全要求的标准、规范、法规、法律。一般来说，“标准”也指由监管部门、专业的或行业内组织、公司或其他团体颁布的适用于管理系统设计与实施、生产设备设计与运行或类似活动的相关要求。

薄弱环节：任何可被对手利用而导致资产损失的薄弱点。

不良反应：药物、疫苗或医疗设备的不良影响，有可能像注射部位短期刺激后的过敏反应一样轻微，也可能像危及生命的急性过敏反应一样严重，也称为不良事件。

不确定性：对估算参数真实值信疑程度或类似情况进行衡量，通常是定量衡量。

不相容：指的是把不同物质相混合时发生的不良后果。本书中，具体指不相容的物质在混合时发生不良化学反应，在特定环境下构成化学反应性风险。

参数：描述给定系统中变量关系的数量。注：一个参数可能为常数，也可能因时间或系统变量的变化而改变。

操作程序：以文档的形式，记录操作设备所必需的书面的、分步的指导和信息。包括操作规程、过程描述、操作限值、化学品危害和设备安全要求等。

操作工：为了完成某个系统的生产活动，必须有人来负责监测、控制和执行任务，这些人员就是操作工。广义上的操作工所执行的任务范围非常大(如读数、标定、少量维护、装卸管理和危险物品存储等)。

操作规程：介绍如何操作设备的一系列有序的书面详细说明。

操作纪律（OD）：为保证每次所有任务都得到正确执行的规定。良好的 OD 可以保证员工每次都以正确的方式执行任务。通过 OD，员工可展示对过程安全的承诺。OD 涉及所有员工的日常工作。OD 是企业员工对 COO 系统的落实执行。

操作守则：体现一个组织机构的管理体系价值观和原则的具体活动。开发、实施和维护这些管理体系，可用来：(1)根据组织机构的风险承受能力来布置操作任务，(2)确保谨慎且正确地执行各项任务，(3)实现业绩波动的最小化。

操作限值：装置运行期间，正常情况下的工艺参数值或参数值范围。这些参数值通常与产品质量保证或高效的工艺操作有关，它们也可能包含工艺安全的上下限值或其他重要的限值。

测试：验证抽样信息是否有效。通过追溯数据或信息(即对照设备、操作等检查抽样信息的状态)、独立的结果计算以及使用其他数据或信息源加以确认来实施测试。

场景：对造成损失及相关影响的意外事件或事件序列的详细描述，也包括事件序列所涉及防护措施是否发挥作用等。

成本：包括有形成本，如资金、设备，以及与执行风险减缓措施相关的操作费用；还包括无形成本，如生产力的损失、道德上的考虑、政治窘迫及其他。成本可由受影响的个人或组织来承担，成本还可能包括社会宏观经济成本。

成本效益分析：管理决策过程的一部分，将各项风险减缓方案的成本和效益进行比较，选择最合适的方案。

程序：分步描述如何安全地执行一项任务的书面指导及相关信息(警示、注意和警告)。

持续改进：通过定期的、不间断的努力，而非因某一偶然原因或具体的变化，实现绩效或效率两方面的进步与改善。持续改进通常需要对比一个业绩目标，对活动或管理系统的状态进行正式评估。此类评估与对比工作的频次要远远高于正式审核工作。

持续性：既满足当代人的需求，同时也不影响后代人满足自身需求。

初始事件：导致事故序列开启的故障或失误的最小组合。它由能够激发促成条件的单个初始原因、多个原因或多个初始原因所组成。初始事件通常用在保护层分析中，表示初始原因或适时表示具有相同即时效应的初始原因集合，例如“导致高反应流的 BPCS 故障”。

促成条件：该条件并非指故障、错误或保护层失效，而是指关注的某个事件可能演变成事故。其涉及的条件或运行阶段不会直接导致事故场景发生，条件一旦出现或生效就会把事件场景演变成损失事件；可表述为无量纲概率。

大修：指在一个计划的停车时段内，执行检查、测试、预防性维护及故障维修工作(例如改造、更换或维修)。

道化学火灾爆炸指数(F&EI)：一种评定与生产过程相关的火灾和爆炸风险等级的方法(由道化学公司开发)。分析师根据材料特性和过程数据计算各种危害和爆炸指数。

定量风险评估(QRA)：通过风险减缓策略的相对评级，或与风险目标的比较得出风险分析的定量结果，并做出决定。

定性：主要是基于历史经验和工程判断的描述和比较，几乎不涉及对危害、后果、可能性或风险等级的量化分析。

动火：使用火焰或能产生火花的作业(如焊接)。

毒性危害：在本书中，毒性危害指毒剂对活体危害程度的衡量，这不但取决于药剂本身的毒性，而且取决于在当前条件下药剂作用于活体的方式。

对标：将现行的运行情况与公司内外部的惯例、行业的最佳实践和法规标准进行比较。

反应活性：物质发生化学反应的相对趋势(低、中或高)。

方法：运用两个以上的事件调查工具，来分析证据并确定事故的根原因。

风险：在事故的可能性、损失或伤害的严重程度方面，对人员伤害、环境破坏或经济损失的衡量。可将风险的概念简化为：风险是事故可能性和后果严重性的乘积(即：风险=严重性×可能性)。

风险分析：指对场景、工艺、设施或组织机构的风险进行评估，具体做法是首先辨识可能发生事故的场景，然后对各个场景引发事故的可能性和影响后果进行评价和整合，必要时将各场景的风险值累加得到总体风险，从而确定风险等级。

风险管控计划(RMP)规定：美国环保署(EPA)的事故性排放预防规定，要求所提及的设施需准备、提交并执行风险管控计划。

风险管理：为了保护员工、民众、环境和公司资产，以及避免对相关业务造成干扰，而将管理政策、程序和惯例系统化应用到风险分析、评估和控制工作中，也包括使用合适的工程和管理措施来降低风险的决策。

风险降低：为了把风险降至目标等级，根据需要来制定、比较和选择工作方案。

风险矩阵：一种呈现风险容忍度标准的表格化方法，通常用 *Y* 轴表示事故发生的可能性，*X* 轴表示事故后果。表格的每个单元格(事故可能性和后果的交叉数值)表示特定风险等级。

风险评估：通过风险减缓策略的对比或与风险目标的比较，风险分析的结果(如风险估计)被用于制定决策的过程。

风险容忍：个体或组织机构开展的特定技术过程或相关活动中，为获取收益所能接受的最大风险等级。

概率：用来表述在一个时段内某一事件或几个事件发生的可能性，或某个被测试、期待的事件成功/失败的可能性。概率是无量纲，范围在 0 和 1 之间。

高危化学品：具有毒性、反应性或易燃性的物质，如果发生泄放，会引发过程安全事故。这些物质被列于 OSHA 的 PSM 标准 29 CFR 1901. 119 中。

根原因：指管理系统失效，即潜在原因，如设计缺陷、培训不足等，其可导致不安全行为或不安全状态，进而引发事故。若消除了根原因，相应事故就不会发生。

根原因分析(RCA)：指对导致事故的管理系统失效进行辨识和确认的正式调查方法，根原因通常是看似不相关的事故原因或潜在原因。确定事故的潜在原因，有助于落实有效的整改措施，从而可防止同一事件或同类事件的发生。

工艺流程图：显示工艺中设备之间物料流向的图表。其通常提供各种物流体的压力、温度、组分和流量信息，以及换热器热负荷等与工艺有关的信息。

工艺区域：指处理或存储危险物料而有可能发生爆炸、火灾或毒物泄漏的设备(如管道、泵、阀、容器、反应器和支撑设施)所在的区域。

工作安全分析(JSA)：系统识别以下内容的一种方法：(1)工作步骤，(2)与每个工作步骤相关的具体风险，(3)与每个步骤相关的安全控制措施，旨在将事故隐患降到最低。也可称为作业危害分析。

工作活动：由设备性能、人为活动或外部环境而引发的某个过程。

公认且普遍接受的良好工程实践(RAGAGEP)：是工程、操作或维护活动的基础，通常是基于既定的规范、标准、出版的技术报告、推荐的实践(RP)或类似文件。RAGAGEP一般详细描述特定工程、检查或机械完整性等活动的实施过程，例如容器制造、储罐检查或泄放阀维修等。

公用工程：用来实现公用功能的基础设施、服务和装置，如交通系统、通信系统、水电管线和公共机构(应急响应部)等。

故障：期望与实测性能之间不可接受的差异。

故障类型与影响分析：一种危害辨识技术，依次考虑系统构成部件的所有已知故障类型或特征，并记录下不希望出现的结果。

关键：与环境或安全的重大过程风险相关。

关键设备：指一旦失灵或发生故障就可能导致高危化学品灾难性泄放，需要适当操作来减轻泄放后果的设备、仪表、控制装置或系统(多数为安全系统，如区域LEL监控器、喷淋或地下系统之类的火灾保护系统、涉及高压或大容量的关键操作设备等)。

观察：关注并记录发现的信息，也可称为实地观察。

管道和仪表流程图(P&ID)：显示管道、容器和仪表细节参数的图表。

管控：指导和/或检查工作任务中人员表现的程序机制，例如上锁、挂牌程序。

管理审查：作为PSM程序要素之一，用于对其他PSM程序或要素开展例行评估，目标是确定审查的要素是否照章执行，并产生良好的、有效的预期结果。管理层必须时常警醒、恪尽职守，利用管理审查来弥补日常的工作活动和定期的正式审核之间的缺口。

管理系统：在可持续的基础之上，运用一贯的方式，开展已正式确立的一系列工作活动，以产生特定的结果。

规范：影响设施和/或影响其适用的过程安全要求的书面规定。规范包含的要求适用于管理体系的设计和实施、工艺设备的设计和运行，或类似的活动。规范和标准的区别在于，规范是法律法规的一部分。因此，在管辖范围内，法律法规中已采用的规范要求具有强制性。这通常发生在美国的州一级，但也可能出现在美国的地方或联邦法律法规中。

过程：一个广义的术语，其涉及石油化工生产所需的设备和技术，包括反应器、罐、管道、锅炉、冷却塔、冷冻系统等。

过程安全：通过良好的设计准则、工程制造和运行实践，来管理危险物质的生产过程及运行系统完整性的严谨体系。该体系旨在预防和控制有可能泄放危险物料或能量的事件。这样的事件会引发中毒、火灾或爆炸，并最终导致严重的人员伤害、财产损失、生产损失和环境影响。

过程安全管理（PSM）：一个管理体系，主要用于装置生产过程中化学品或能量灾难性泄漏的预防、准备、减缓、响应和恢复。

过程安全管理体系：一个包含了政策、程序和实践的综合体系，用于确保意外事故的预防措施到位、有用且有效。

过程安全能力：用来认定人员在过程安全方面具有相应资格和能力的知识、技能、专业技术和培训的组合。

过程安全评估指标：过程安全管理效率或绩效的测量或指标标准。

过程安全事故/事件：可能导致灾难的事件，如可导致大范围的人员健康威胁和生态环境破坏的危险物料泄漏事件等。

过程安全文化：在企业或更大的组织机构中，影响过程安全的、各级人员达成共识的一套价值观、行为和准则。

过程安全信息（PSI）：与化学品、工艺和设备相关的物理、化学和毒理信息。通常用于记录过程的配置、特点和限制条件，作为过程风险分析所用的数据。

过程安全知识：与政策、其他基于规则的事实等信息相关的知识，包括收集、组织、维护信息以及为其他过程安全要素提供信息等工作活动。过程安全知识主要由书面文件如危害信息、工艺技术信息和设备具体信息等组成。

过程风险分析：为确保生产和操作准确而有效，对其相关危害进行有组织的识别和评估。这一过程会采用定性方法来识别和评估危害，得出结论，并提出合理的建议。有时也使用定量方法来判定风险降低措施的优先级。

合规程序：符合美国 OSHA 的 PSM 标准或 EPA 的 RMP 规定要求的程序。

后果：事故及其后续事件直接性的不良结果，通常涉及火灾、爆炸或有毒物料泄放。后果描述可以是对事故影响的定性或定量评估。

后果分析：预先分析将产生的事故结果，不受频度或概率的影响。

化学反应性风险：潜在的不受控化学反应会直接或间接导致严重人身伤害、财产损坏或环境危害。不受控的化学反应可能伴随温度上升、压力上升、气体扩散或其他形式的能量释放。

化学品：任意元素构成的单质、化合物，或者单质与化合物组成的混合物（美国职业安全与健康法案，1994）。

化学品加工工业：通常泛指制造、处理和使用化学品的设施。

活性化学品：指具有化学反应性风险的物质，如在没有点火源情况下在空气中易于氧化（自燃或生成过氧化物）、能引起或促进其他物质燃烧（氧化剂）、遇水发生反应、自身在一定条件下能发生聚合或分解或重排等反应的化学品。起始反应可以是自发性的，也可通过引入热量、机械能或通过催化作用加快反应速率。

机械完整性：确保设备的设计、安装和维护工作能够实现预期功能的一套管理系统。

机械完整性程序：确保工艺设备和系统保持正常运行的一个程序，其涉及设备检查、测试、升级、维修以及保持设备持续完整性的书面规程。

基于风险的方法：一种定量风险评估方法，用于建筑物的选址评估，需考虑爆炸、火灾或毒性物料泄放的量化后果和发生频率。

基于风险的过程安全（RBPS）：化工过程安全中心的过程安全管理系统方法。它采用"基于风险的"策略与实施对策，即在过程安全活动、资源可供性和现有过程安全文化方面采用基于风险的方法，来设计、纠正并改进过程安全管理活动。

基于风险的检验（RBI）：一种风险评估及管理过程，关注工艺设施中的压力设备因材质退化而丧失保护能力的一种风险评估及管理过程，主要通过设备检查来管理这些风险。

绩效：对PSM程序的工作成果及工作活动质量或效用进行度量。

绩效保证：需要员工证明其已理解培训课程内容，并能将学习内容灵活运用到实际工作中的一套正式的管理系统。绩效保证通常是一个持续性的过程，用于（1）确保员工在任职期间达到绩效标准，并保持熟练程度；（2）明确额外的培训任务。

绩效测量指标：用于监督或评估程序运作或管理系统运行的评估指标。

绩效指标：参见评估指标。

及时：除在某一章的特定语境下对此术语有不同的定义或解释以外，"及时”一般解释如下：迅速决定、执行或实施建议项、行动项以及其他跟进活动。这意味着根据所决定的行动项或活动的复杂性和实施的困难，在合理的时间内完成这些内容，该时间要根据具体问题来评估。

计划-实施-检查-改进(PDCA)方法：质量提升的四个步骤。第一步(计划)，制定提升方法。第二步(实施)，执行计划。第三步(检查)，将预测内容与上一步中所观察的内容相比较。最后一步(改进)，修改计划以消除绩效差距。PDCA循环有时被称为(1)休哈特循环，因为沃特·阿曼德·休哈特在其名为《质量控制统计法》的书中讨论了此概念；(2)戴明循环，因为爱德华·戴明在日本介绍了此概念。后来日本人将其称为戴明循环，也称之为计划-实施-研究-行动(PDSA)循环。

计算机化维护管理系统(CMMS)：用于维护计划、维护进度和维护文件编制等工作的计算机软件。典型的计算机化维护管理系统(CMMS)包括工单的生成、工作指导、零件和人工费用跟踪、零件库存和设备历史记录。

检查、测试和预防性维护(ITPM)：为实现下列目标而采取的预定前置性维护工作：(1)评估设备的当前情况及老化率；(2)测试设备的运行情况及功能；(3)通过恢复设备条件以防止设备故障。

检查表：一种对完成情况进行验证的列表。通常会采用一种固定格式，即按照实际情况将某项工作划分成若干个关键步骤(这些步骤已被确认或已被证实)。检查表通常附在程序文件之后，程序文件对各项工作步骤均有更为详细的描述，包括危害的相关信息以及危害控制措施更为完整的说明。检查表也可以和其他风险评估技术结合使用，确保万无一失。

减缓：削弱某个损失事件的影响。

减缓措施：为了降低事故事件的风险，通过采取预防措施来减小事故发生的可能性，通过采取保护措施来减轻事故后果的严重性以及人员或财产的暴露程度。

尽可能合理降低原则(ALARP)：努力降低风险，直到持续加大的投入(费用、时间、精力或其他资源耗费)与所实现的风险降低程度严重不成比例为止。通常与“最低合理可行”(ALARA)通用。

经验教训：将以往事故中所得到的知识应用在当前的实践活动中。

决议：针对审查结果(以及相关建议)、事件调查小组建议或风险分析小组的建议等，管理层决定采取何种响应措施。在决议期间，管理层有权接受、拒绝或修改各项建议。如果建议被采纳，则其实施行动计划通常被确定为决议的一部分(参看实施)。

开车前安全审查(PSSR)：在向过程中引入高危化学品前，对过程进行系统而彻底的检查。PSSR 必须对以下几个方面进行确认：施工和设备符合设计说明；安全、操作、维护和应急程序全都到位并且适用；在开车前，新设施已进行过程风险分析，并且相关建议已经确认并落实；设施变更符合变更管理的要求；每个参与操作过程的员工都已接受培训。

可接受风险：一项特定活动可容忍的平均损失率。

可靠性：指某一项目在规定时间内或在明确的需求下，实现所需功能的概率。

可燃粉尘：在空气或其他气体氧化剂中点燃时，会发生火灾或爆炸的任何直径不超过 420μm 的细碎固体物料(可通过美国 40 号标准筛的物料)。

可燃液体：用于划分某一类液体等级的术语，这类液体会在达到其闪点时燃烧。美国消防协会(NFPA)将可燃液体定义为闭杯闪点超过 100℉(37.8℃)(NFPA 30)的液体。三个子类如下：Ⅱ类液体的闪点等于或超过 100℉(37.8℃)，但低于 140℉(60℃)。Ⅲ类液体划分为两个子类；ⅢA 类的闪点等于或超过 140℉(60℃)，但低于 200℉(93.4℃)；ⅢB 类的闪点等于或超过 200℉(93.4℃)。运输部(DOT)定义可燃液体为闪点超过 140℉(60.5℃)，低于 200℉(93.4℃)的液体。

控制：为了预防或减少事故发生而设置的工程措施、管理方针和程序。

利益相关方：受到(或认为会受到)设备设施运行影响，或者协助、监督设备设施运行的个体或组织机构。

面谈：为了解企业的运行情况和业绩状况，向装置操作人员或其他人员正式和非正式地提问。

能力：PSM 程序要素之一，用于保持、提高并拓宽知识面及专业技能的人力与物力。

培训：针对作业、任务要求以及方法进行的实践教学。培训通常在教室或作业现场进行，目的是使员工满足最低能力要求、保持熟练掌握或者提升其能力以胜任更高要求的职位。

偏差：超出既定的设计限制、安全操作限值或标准操作程序的工艺状态。

偏差常态化：因对不符合项的宽容度日益增大，而导致执行标准逐渐降低，也可称为误差常态化。

评估：在重要性、价值、有效性或有益性方面得出结论。

评估指标：过程安全管理效率或绩效的前导或滞后指标测量，包括预测性指标(如在报告期间错误地进行线路断开工作的数量)以及结果导向指标(如在报告期间发生的事件数量)。

起因(CF)：造成事故或加重事故后果的设备故障或人为失误。

前导评估指标：一组前瞻性的评估指标，用来表示关键工作程序、操作纪律、预防事件发生的保护层的性能。

前导指标：以过程为导向的评估指标，例如实施进度、与政策和程序的符合性。这些指标支撑 PSM 程序管理系统，并能够预测绩效。

潜在原因：实际上的根原因。

取样：从海量数据或信息中选取一部分，以确定总体的准确性、代表性或特征。

确定：下结论；通过观察在一定限制条件和范围内取样数据的适用性而得出一个观点；与实际的符合性、准确性或其他预定的标准有关；获取第一手知识。

人为因素：与机器设计、操作和工作环境相关的约束条件，以便与人员的能力、限制和需求相匹配，包括人机系统中与人为因素相关的技术工作（如工程、程序编写、员工培训、员工选拔等）。

认证：完成所适用规范和标准要求的正式培训和任职资格。

容忍：由于物理或环境因素差异，导致在不同设备个体之间存在的不确定性度量，通过汇总故障率数据来形成一组通用数据。

软件（S/W）：数字系统运维所需的程序、规程、规定和相关的文件，包括计算机的程序、常规内容、程序语言和系统。收集相关的应用、集合和其他程序，正确地将给定的设备向用户呈现，包括要执行的程序（如计算机的程序、程序员或其他人员的编码）、硬件手册和图纸等文件、计算机程序列表和图表等，以及上述与硬件相对应的列表等。

筛选工具：功能有限的、简化的分散模型，适合于层级筛选。

上锁/挂牌：一种安全工作惯例。在此过程中，运用上锁机制和便于查看的挂牌，将能量源与生产区域完全阻断，从而确保维护和操作过程中的人员安全。

设备：以机械、电气或仪表元件来命名的、具有一定界限范围的一套硬件设施。

设备可靠性：在规定的环境条件下运行时，设备在指定的暴露期内充分发挥其预期功能的可能性。

设施：管理系统各项活动得以实施的物理单元。

审核（过程安全审核）：对装置或工艺单元、图纸、程序、应急预案或管理系统等进行检查，通常由独立、公正的团队执行。

审核：为检验是否符合所制定的标准要求，运用完善的审查程序进行系统化的独立评审，从而验证合规性并使得审核人员能够得出证据确凿的结论。

审核协议：按审核步骤记录审核程序，并描述审核员具体行动的文件。

生命周期：一个实际过程或管理系统从开始到结束所经历的所有阶段。这些阶段包括构思、设计、部署、购置、运行、维护、停运和废弃处置。

事故：导致不良后果的意外事件或一连串事件。

事件：一项工作活动或一系列工作活动，导致一个或多个不良的后果，如人员伤害、环境破坏或资产损失。该类事件包括火灾、爆炸、有毒或有害物质的泄放等。

事件调查：一种系统性方法，用来确定事件的原因，并提出相关建议，从而防止此类事件再次发生或减少此类事件发生的频率。

受伤：因人的身体与外物接触或暴露在环境中而导致的人身伤害或损害。

书面程序：指对管理系统的描述，定义了以下重要内容：目的与范围、作用与职责、任务与程序、必要的输入信息、预期结果与产品、人员资格与培训、工作动机、计划安排与完成日期、必要资源与工具、持续改进、管理审查与审核。

数据：事实、概念或指令的一种正式的呈现形式，此方式适合通过人为或“自动化”的方法进行沟通、解释或处理。由于事前已知或假设，亦可使用字符或连续的函数来呈现信息。

损失事件：异常情况中的某一时间点，发生可能造成损失和伤害的不可逆的物理事件。例如危险物料的泄放、易燃蒸气或可燃粉尘云被点燃、储罐或容器的超压爆裂。事故可能涉及多个损失事件，如易燃液体溢出(第一损失事件)后紧跟着发生闪火和池火(第二损失事件)，将邻近的容器及内部物料加热至爆裂点(第三损失事件)。通常，损失事件与危险事件是同义词。

替代性泄放工况(ARS)：作为美国环保署 RMP 所规定的厂区外影响分析的依据，替代性泄放工况不那么保守，可能比最糟的工况更为常见。

停车(S/D)：运行中的装置或系统进入安全的非运行模式的过程。

同类替换(RIK)：替换项目(设备、化学品、程序等)满足被替换项目的各项设计要求，可以是同一项目的替换，也可以是满足设计说明的其他替代项目的替换，只要替代项目不影响被替代项目或相关项目的使用即可。

同行审核：由矩阵团队中的个体成员自主决定的一系列非正式审查，或是由整个项目矩阵团队或危害审查小组根据公司标准进行的更加正式的审查(如 P&ID 危害审查)。

透明度：组织机构在分享其如何运作方面的开放性。

推荐做法：指预防事故事件发生(或再发生)或缓解其后果的建议做法。

危害：有可能对人员、财产造成伤害或对环境造成损害的固有化学或物理特性。

危害评估：识别某个系统中的个体危害，确定危害引发意外事件的作用机制，评估事件对健康(包括公共卫生)、环境和财产的影响后果。使用定性方法找出装置的设计和运行中可能导致事故的薄弱环节。

危害识别及风险分析（HIRA）：为确保雇员、公众或环境面临的风险始终控制在组织机构可接受的范围内，在设备设施的生命周期全过程中，对其进行危害识别及风险评估的所有活动的统称。

危险化学品：具有毒性、反应性或易燃性的物质，如果物质泄放，会引发过程安全事故。也可称为危险物品。

危险物品：广义上来说，指对人类的健康、安全或环境产生不利影响的任何物质或混合物。物品的危险性不仅仅是与闪点和沸点有关的火灾问题，而且还包括但不限于毒性、反应性、不稳定性或腐蚀性等。

危险与可操作性分析（HAZOP）：一种系统化的定性方法，通过使用一系列引导词来研究过程偏差，从而辨识过程危害和潜在操作问题。HAZOP 通过运用合适的引导词，对过程中的每个节点部分进行系统性的提问，找出与设计意图之间的偏差以及产生的原因和后果。这是对某一个生产单元或整套生产装置进行系统而详细的审查方法，可用于新建或现有生产过程的危害识别。

未遂事件：如果情况稍有不同，则极有可能导致事故（即财产损失、环境影响或人员伤害）或运行中断的事件。

问责：对某人的行为做出解释和回答的责任，这些行为与期望、目的和目标相关。如此来说，负责 PSM 具体工作活动的人员向工作活动的第一责任人负责。一项工作活动可能由几个人负责，但第一责任人只有一个。这是有效的过程管理体系中的一个强有力因素。

系统：为实现一组特定功能而组织起来的人员、设备和方法的集合。

先前行为后果（ABC）分析：一种人员行为的分析工具，研究人的行为是如何被以往类似经历和对奖励的渴望所影响。

响应：用于消除不利因素，或采取人员疏散、就近避难、求助当地政府、控制释放或其他缓解措施的一种安全策略。

行动项跟踪：对一项或一组任务的执行情况进行记录的方法。

选址：确定装置、现场、车间或单元位置的过程。

严重伤害：职业伤害的分类有：（a）所有致残工伤；（b）非致残工伤。非致残工伤主要包括：（1）需要医生处理的眼伤；（2）骨折；（3）受伤需要住院；（4）昏迷；（5）受伤需要医生治疗；（6）要求限制活动或转岗的伤害。

严重性：假设在没有防护措施的情况下，最大可信度的后果或影响。

验证（动词）：通过合适的检查方法来确认真实性、精确性或正确性，也可称为证实。

验证（名词）：用来增加对审查数据信心的各种活动，包括对法律、法规、政策和程序、标准和管理法令的应用和执行情况进行评价，还包括证明数据和报告的有效性以及评估管理系统的有效性。

要素：过程安全管理体系中划分出的基本单位，与必须实施的工作类型（如变更管理[MOC]）相互关联。

要素负责人：全权负责监管某一特定 RBPS 要素的人员。通常由负责管理要素相关工作活动各项事宜的技术或管理负责人担任该职。要素负责人不一定是日常实施具体工作活动的人员。

一线人员：执行任务来产生工作小组输出的人员。一线人员包括操作和维护人员、工程师、化学师、会计人员、装运人员等。

一致性：一个阶段内或跨阶段的持续统一性。

易燃性：与气态氧化剂（例如空气或氯气）混合并点燃后会燃烧的气体。术语“易燃气体”包括超过闪点的易燃或可燃液体的蒸气。

轶事证据：没有其他确凿证据支持的口头证据。例如，对一个人的访谈资料不能作为调查结果的依据。

应当：本书中使用的“应当”一词指非强制性的行为或指导。该词已用在符合性和相关的审核标准中。符合性标准使用“应当”而非“必须”或其他命令术语，是因为本书中描述的管理 PSM 程序（产生符合性标准）的规定是基于绩效的。因此，满足符合性有几个途径，而本书的目的不是要说明某条路径更好或优先选择。

应急响应预案：处理装置起火、爆炸或化学品意外泄漏等情况的书面方案。

影响：对于事件的最终损失和伤害的衡量。影响可用伤亡人数、环境破坏程度、损失（如财产损失、物质损失、生产损失、市场份额损失和恢复成本等）大小来表述。

硬件：与测量或控制功能的工业生产直接相关的物理设备，它与计算机的程序、规程、规则和相关文件等相对。

有效性：是过程安全管理绩效与过程安全管理效率的结合。有效的过程安全管理程序指消耗最少的资源制造出符合要求、质量达标的工作产品。

预防：消除或防止与特定活动相关的危害或风险的过程。预防有时用于描述预先采取的行动，以减少意外事件的可能性。

预防性措施：为避免失控的进一步发展或降低其最终的影响而在失控初期所采取的措施。

预防性维护：通过制定常规检查和日常维修的固定计划，来降低非计划停车的频率和严重性的维护工作。

灾难：重大后果和不可接受的持续影响所造成的损失，通常包括人员的重大伤害、环境的严重破坏，以及/或者伴随着特许经营权丧失的社会公信度降低。

灾难性泄放： 无法控制工艺中的有毒物料、反应物料或易燃物料的泄放，可能会造成厂内或厂外的急性健康影响、重大的环境影响(例如公众饮水供应问题)或重大的厂内或厂外财产损失。

责任： 个人接受委派后承担项目的开发、实施、独立运行以及成败结果的最终义务。最终责任人可以是个人。尽管“义务”也属于这一范畴，但“义务”一词在本书中另有他用。

责任关怀®： 美国化学品制造商协会(CMA)于 1988 年实施的一项举措，目的是在道德层面帮助化学品加工企业在遵守 10 项关键原则的同时，造福社会、发展经济和保护环境。

正常操作： 在装置开车和停车之间进行的所有工艺操作，以实现在安全操作的上下限范围内持续运行。

执行： 实施基于审核结果、事件调查组建议、风险分析小组建议等制定的行动计划，也指建立或实施 PSM 程序要素的工作活动。

质量保证： 指一种有计划、系统性的行动模式，为一个系统或组成部分在实际运行中能有令人满意的表现而提供足够的信心。此行动模式将确保产品从设计到生产的整个过程均符合规范。这些系统化的行动旨在确保产品或服务持续满足既定的需求。

滞后评估指标： 一组基于事件的回顾性评估指标，这类事件达到了既定严重性的临界值。

滞后指标： 以结果为导向的评估指标，例如事件率、停工时间、质量缺陷或其他过往绩效的评估指标。

资产： 对业主产生正面价值的所有人员、环境、设施、材料、信息、商业信誉或活动。资产可能对业主和对手都有价值，尽管这些价值的性质和规模不尽相同。

资产完整性： PSM 程序要素之一，有助于保证设备按照技术规范正确设计与安装，且在其生命周期内满足设计目的，也称资产可靠性。

资源： 指工作执行和产品生产所必需的人力、资金、运行成本和其他投入。

组织文化： 在一套生产装置或更大的组织机构内，被各层级人员所接受的、影响到装置运行的价值观、行为和规范。

最坏场景（WCS）： 美国环保署(EPA)的风险管控计划(RMP)规定所要求的厂区外后果分析的依据。这种故意保守性的事故场景假设在最糟糕的条件、大部分保护措施失效的情况下，容器中的全部物料均发生泄漏。

致 谢

在本书的编写过程中，过程安全管理执行分委会全体成员及CCPS成员公司给予了大力帮助与技术支持，向美国化学工程师协会(AIChE)及化工过程安全中心(CCPS)表示衷心感谢，同时对来自ABSG咨询公司的编写团队也深表敬意！

过程安全管理执行分委会成员

Robert Stankovich	礼来制药公司委员会主席
Abdulrehman Aldeeb	西门子能源公司
Steve Arendt	ABSG咨询公司
Rajesh Bhatkhande	东洋工程印度有限公司
Jonas Duarte	科聚亚公司
William Fink	圣哲环境咨询公司
David Guss	尼克森公司
Dennis Hickman	福林希尔资源公司(退休)
Shahryar Khajehnajafi	美国SAFER Systems扩散模型软件公司
Neil Maxson	拜耳科技材料公司
Georges Melhem	ioMosaic公司
Cathy Pincus	埃克森美孚公司
Sara Saxena	BP公司
Adrian Sepeda	CCPS雇员
Dan Sliva	CCPS参谋顾问

CCPS感谢来自ABSG咨询公司的编写团队，特别感谢主笔作者James R. Thompson及其同事Steve Arendt，Rick Curtis，Marney Gillmore和Steve Goewert。同时，感谢Leslie Adair的编辑工作。

所有的CCPS书籍在出版之前，都必须由同行专家全面审核。对于审核专家提出的各项建设性的意见及建议，CCPS深表谢意。正是这些工作提升了本书内容的准确性及清晰性。

同行审核人员

Mervyn Canieiro	礼来制药公司
Joe Chandler	福林希尔资源公司
Valery Hill	礼来制药公司
Francisco Justiniano	礼来制药公司
Claire Linford	美国 aeSolutions 公司
Donny Maclean	荷兰 SBM Offshore 公司
Mark Manton	ABSG 咨询公司
William Marshall	礼来制药公司
Louis Martin	拜耳科技材料公司
Jost Andreas Menne	科聚亚公司
Darrin Miietello	利安德巴塞尔公司
Pamela Nelson	氰特工业公司
Brian Riesing	礼来制药公司
Robert Stankovich	礼来制药公司

前　言

在过去的四十多年里，美国化学工程师协会(AIChE)一直密切参与化学及关联产业有关过程安全及损失控制课题的研究。AIChE 与工艺设计师、建筑师、运营商、安全专家及专业学术成员保持了紧密联系，积极促进业内各个专业之间的交流与沟通，不断完善并改进化学工艺的安全标准。对有志于过程安全及环境保护事业的业内人士而言，AIChE 的刊物及论文早已成为汲取知识与获取信息的源泉。

在墨西哥城和印度博帕尔化工灾难发生后，AIChE 于 1985 年建立了化工过程安全中心(CCPS)。CCPS 负责制定并宣传相关技术信息，以预防重大化工事故。CCPS 得到了 150 多个化学加工企业(CPI)赞助商的支持，他们向技术委员会提供必要资金和专业指导。CCPS 的主要产品是系列化的指南丛书，旨在促进过程安全及风险管控体系各要素的贯彻与实施。本书就是此系列丛书中的一册。

本书的监督方 CCPS 技术指导分委会受特许审核并更新 1994 年 CCPS 编写的《过程安全管理实施指南》。编写本书的目的是反映自原版出版以来过程安全管理(PSM)实施中的经验教训，并为以下可能出现的 PSM 实施情况提供指导和路线图：

- 实施新的 PSM 体系；
- 在现有体系中实施新的要素；
- 改进现有 PSM 要素或体系。

对于 PSM 感到陌生的公司或有成熟 PSM 体系的公司，至少会面临以上情况中的一项。另外，本书提供的实例(见附录)和工具(见网站上与本书配套的文件)有助于 PSM 实施。

委员会在本书中使用并参考了 CCPS 于 2007 年编写的《基于风险的过程安全》一书中的“新一代”PSM 体系框架。基于风险的过程安全(RBPS)方法认为所有危害和风险是不能等同对待的。因此，要将更多的资源集中投入到较为重大的危害和较高的风险上。该理论的四大基础原则如下：

1. 对过程安全的承诺；
2. 理解危害和风险；
3. 管理风险；
4. 吸取经验教训。

以上四大原则进一步划分成 20 个 RBPS 要素。这 20 个要素是在《化工过程安全技术管理指南》(1989 年)中提出的 12 个要素基础上建立与扩充的，12 个要素还在《装置化工过程安全技术管理指南》(1992 年)中进一步细化。因此，它们反映了 15 年来各行业的 PSM 实施经验和最佳惯例。

RBPS 也强调这样一个原则，即 PSM 管理体系应在维持目的适用性的前提下去繁从简。因此，在确定管理体系的严格程度时应考虑下列问题：

- 对与工艺、设施或组织机构相关的复杂度、危害和风险的认识；
- 对管理体系结果的要求和交付这些结果所需的资源；
- 当前设施和公司的过程安全文化。

在设计、实施和维护 PSM 管理体系时应牢记适用性，从而纠正、改进体系的相关活动。因此，CCPS 通过本书继续鼓励采用基于风险的方法来管理化学及关联产业的过程安全，持续提升相关企业的过程安全绩效。

最后，本书也提及了以下重要话题：

- 确定过程安全实施和绩效的状态；
- 准备 PSM 体系的变更；
- 将 PSM/HSE 与业务管理系统相整合；
- 管理过程安全绩效。

1 引言

很多公司实施过程安全管理(PSM)体系已超过25年，使用的PSM结构也有多种，有些是基于法定要求，更多的是基于业内良好实践。这些PSM体系用于管理与危险化学品或能量相关的危害和风险，侧重于在设施的生命周期内提高设备性能和人员绩效。PSM体系已在全球广泛应用，为改进之前的实践惯例提供了充分条件。

另外，这些公司尽管付出了很多努力，并吸取了很多经验教训，但仍然面临着持续改进过程安全绩效、管理其他重要工作以确保安全和盈利的挑战(如职业安全、环境、公共安全、经济竞争性和可持续性)。一些公司面临初步实施或持续改进PSM的挑战，他们认识到PSM体系中惯例的策划或实施，根本上取决于执行的人员(公司领导、管理层、员工、操作工、维护人员和承包商)。而且，组织机构和个体无论出于怎样的动机(合规性或只是为了取得良好业绩)，他们的行为及建立的文化将促进PSM体系的实施。

确保人们每天下班后能平平安安地回家，确保我们的邻居安然无恙，以及拥有安全的工作环境，已成为许多公司实现PSM零事故目标的驱动力。本书正是为了帮助这些公司追求并实现“完美过程安全”零伤害的愿景而编写的。

1.1 概述

将过程安全与其他不同的或更大范围(或管理体系)的工艺装置安全加以区别是很重要的。例如：

- 过程安全侧重于与设备设施相关的化学品生产工艺中化学品或能量灾难性泄放事故的预防、准备、减缓、响应和恢复。
- 职业安全侧重于预防员工因任务或工作环境而受伤或生病，因此，其更加关注与个人状态或操作对象相关的危害能量。伤害包括滑倒、摔倒、坠落、割伤、热灼伤、肌肉骨骼受伤等。
- HSE(健康、安全和环保)，也简写为EHS或SHE，包含的内容更广。除过程安全和职业安全外，还包括职业健康(即工业卫生)和环境管理。

• SHEQ&S(安全、健康、环保、质量和公共安全)是相关管理体系中含义最广泛的。它在《整合管理体系和指标以提升过程安全绩效指南》一书中有介绍和讨论(参考文献 1.1)。

• 因此，过程安全内容远不止仅有法规符合性(如符合美国的 OSHA PSM 规定或 EPA 风险管控计划[RMP]规定)。

从历史上来看，多数长年从事石油化工的公司和企业：(1)最初将其焦点放在职业安全上(有些是 100 多年前)；(2)当因化学品暴露造成疾病成为众所周知的危害时，建立了职业健康体系；(3)当公众不断关注和法规宣传环保时建立了环保体系；(4)当全球逐步关注相关指导和规定时(见 1.2 节)于 20 世纪 90 年代建立了过程安全体系。但许多公司仍将主要精力放在改进工艺技术和人为因素上，而非事故之前的预防。

20 世纪 80 年代中期，在全球发生了一系列的严重化学品事故后(见表 1.1)，公司、行业和政府才开始将管理体系的缺失或缺陷(或缺乏)确定为这些事故的基本原因。很多公司已在产品质量方面采用了管理体系的做法(例如，各种全面质量措施)。公司制定政策、行业团体出版标准和政府颁布法规，推动人们采用管理体系的方法来实现过程安全。这些起初有些零散的工作逐渐整合成管理体系。当注重并采取事故预防措施时，整合的做法是非常有效的。近年来，卓越生产理念的引入将重点转移到了无缝整合的做法上，由此实现生产活动的高绩效。卓越生产或操作的目标之一是要将 PSM 实践深深嵌入到单一的、均衡的过程中来管理生产操作。

表 1.1　促成美国和欧洲出台 PSM 法规的相关事故

年份	地点	死亡人数	受伤人数
1974	英格兰 Flixborough 镇	28	?
1976	意大利塞维索	?	?
1984	墨西哥的墨西哥城	650	?
1984	印度博帕尔市	2000+	?
1985	西弗吉尼亚州 Institute 地区	0	135
1988	洛杉矶诺科地区	5	23
1988	内华达州亨德森市	2	350
1989	加拿大列治文市	0	9
1989	得州帕萨迪纳市	24	132
1990	得州 Channelview 市	17	0

续表

年份	地点	死亡人数	受伤人数
1990	俄亥俄州辛辛那提市	2	41
1991	洛杉矶莱克查尔斯市	6	6
1991	洛杉矶 Sterlington 市	8	128
1991	查尔斯顿港	9	33

何为管理体系？《基于风险的过程安全》(参考文献 1.2)将其定义为：为了确保在可持续发展的基础上采取始终如一的方式产生特定结果，而确立并记录的一系列活动。RBPS 指南还强调，为了让员工按照要求正确地开展工作，必须为他们详细说明管理体系的相关工作内容。

关于 PSM 管理体系，CCPS 最初总结了该体系的重要特点，参见《化工过程安全技术管理指南》的附录 A。该指南首次给出了用于过程安全管理体系设计和评估的通用原则。尽管附录 A 具有一定的开创性，但多数读者忽略了它还是一种实用工具，因为管理体系的概念对他们而言是陌生的。此后，在过程安全、职业安全和环境管理体系的执行方面，多数公司都已积累了重要的实践经验。

在设计、开发、实施、修改、操作、评估和改进 PSM 体系时，表 1.2(《基于风险的过程安全》中的表 1.7)列出的项目是最重要的。PSM 框架(例如 RBPS)可按要素体现一个或多个问题。在建立新的 PSM 体系、增加新要素或改进现有体系时，公司要对表 1.2 中的所有问题深度思考。

任何管理体系的生命周期一般都包括设计、开发、推广、运行以及监督/维护/改进。本书第 4 章讲述了实施新的 PSM 管理体系所需的各个步骤。

(1) 制定体系的设计说明；

(2) 创建要素和/或体系的工作流程(若适用)；

(3) 评估要素和体系的工作量以及必要的资源；

(4) 制定要素/体系的书面程序和规程；

(5) 推广该体系；

(6) 监督体系的实施和初始绩效。

同样，《整合管理体系和指标以提升过程安全绩效指南》(参考文献 1.1)的每一章都讨论了 PSM(以及 SHEQ&S 体系)程序的生命周期和计划—实施—检查—改进(PDCA)方法。特别是第 5 章讨论了在实施 SHEQ&S 体系时如何应用 PDCA 的方法、如何设定整合任务的优先性、如何整合多个体系以及如何在体系的生命周期中建立持续改进的理念。

虽然当前多数公司已在实施某种形式的 PSM 体系，但还有不少公司，尤其是小型公司或发展中国家的公司，可能需要关于如何高效且有效地提升管理体系的一张路线图。因此，本书的主要目的是对旧版《过程安全管理实施指南》进行更新。表 1.2 为 PSM 体系中的重要问题清单。

表 1.2　PSM 体系中的重要问题

• 目的和范围	• 活动启动条件、期望的进度安排和截止时间
• 人员作用和职责	• 必要的资源和工具
• 任务和程序	• 评估指标和持续改进
• 必要的信息输入	• 管理审查
• 预期的结果和产品	• 审核
• 个人资格和培训	

1.2　PSM 的历史背景

作为美国化学工业对印度博帕尔重大化学品事故的反思和举措，美国化学工程师协会(AIChE)于 1985 年建立了化工过程安全中心(CCPS)。1988 年，CCPS 大力宣传了即将发布的 PSM 框架，即《化工过程安全管理——对承诺的挑战》(参考文献 1.3)。该项目旨在让化工企业的负责人认识到 PSM 工作在企业运营中的重要性，并推荐他们采用管理体系的方法。

讲述 PSM 的历史背景，必须要提到 PSM 的几个先驱和开拓性组织，例如：

Trevor Kletz

Trevor Kletz 曾在帝国化学工业公司(ICI)担任过多个职位，1968 年他被指定为 ICI 的首位安全顾问。他在任期间，ICI 开发了危险与可操作性分析(HAZOP)方法，Trevor 编写了该主题的首本专著。1982 年退休后，他对早期论文"泄漏无法避免"进行延伸和完善，形成了第一本有关本质安全理念的书。他因在许多专著和演讲中强调从先前事故中学习经验教训的重要性而广为人知。

Frank Lees

为 ICI 工作多年之后，Frank Lees 入职拉夫伯勒理工大学。1974 年他被任命为装置工程学教授，Flixborough 事故灾难之后，他被任命为新的英国重大危害顾问委员会成员。之后，他成为 1988 年 Piper Alpha(派珀-阿尔法)灾难调查的技术评审员。让人们印象深刻的是他在 1980 年出版的《过程工业的损失预防》一书，分为上下卷(超过 1000 页)。1996 年出版了第二版，分为三卷。(第三版于 2005 年由 Sam Mannan 博士和玫琳凯奥康纳过程安全中心出版[下文讨论]。)

健康与安全执行局

1974 年 Flixborough 爆炸事故后不久，英国颁布了“工作健康与安全”法案。这改变了英国的管理模式，即从监管部门制定规程让人们去遵守，转变为给人员提出所需实现的目标。具体来说，将企业雇员及周边社区人员的健康和安全责任从监管部门移交给雇主，并以此项法案替代了之前议会制定的 27 项法案。

英国成立了由检查人员、专家和技术人员组成的健康与安全执行局(HSE)，确保企业负责人履行自身的职责。而检查人履职时，可随时(无需许可)进入任何装置现场、取样、检查书面材料等。健康与安全执行局及其检查人员根据所涉及的风险可采取强制措施，如(强制性的)整改通知、停工通知(立即停止生产)和提起诉讼(因重大违规或违反通知)。

英国制定了重大事故隐患控制规定(COMAH)来执行欧盟塞维索指令。健康与安全执行局会审查企业的“安全报告”文件，在这类文件中企业需描述将风险从重大事故隐患降低至 ALARP(尽可能合理降低原则)的做法。健康与安全执行局因其在监督执法过程、制定并分享该领域指导性文件等工作中所展现的专业技术而闻名。

化工过程安全中心

正如本书前言中所述，在墨西哥城和印度博帕尔化学品事故灾难发生后，AIChE 于 1985 年建立了化工过程安全中心(CCPS)，负责制定并宣传相关技术资料以预防重大化学品事故。

CCPS 是 AIChE 中的一个非营利性企业会员组织，其宗旨是确定并解决化工、制药和石油行业的过程安全需求。CCPS 联合生产企业、政府部门、咨询公司、研究机构和保险公司，共同引领工业过程安全的发展。参与项目分委会的 CCPS 成员公司制定了在工业上有实际应用、久经考验的实用指南。项目主题涉及生产企业所有的重要领域，包括人为因素、定性与定量风险分析、安全漏洞和本质安全设计。CCPS 至今已出版 100 多部出版物，在工业安全相关问题领域处于世界前列。

玫琳凯奥康纳过程安全中心

1989 年 10 月 23 日，得州帕萨迪纳市菲利普石油公司的操作主管玫琳凯奥康纳在一场爆炸中身亡。为了纪念此人，1995 年玫琳凯奥康纳过程安全中心(MKOPSC)在得州农机(A&M)大学成立。自 1997 年以来，该中心一直由 Sam Mannan 教授担任 MKOPSC 的主任。该中心的使命是：为了预防事故，在全球范围将安全提升为工业的第二属性。除此之外，该中心开发了更为安全的工艺、设备、程序和管理策略，以实现工业过程损失的最小化。为保持行业竞争力，该中心也在努力加大过程安全的技术支持。该中心：(1)力图服务所有的利益相关方

(科研机构、政府部门、企业和公众)；(2)提供公共论坛；(3)开发持续改进过程安全范例的程序及相关活动。该中心的资金来源于捐赠、财团资助和项目合同。

有关过程安全历史的更多信息，请参见期刊《Process Safety Progress(过程安全进展)》2009年6月刊登的相关文章(参考文献1.4)。

1.3 过程安全资源

CCPS于1989年开始出版系列指南，首先出版的是《化工过程安全技术管理指南》，旨在鼓励其成员以更完整化、系统化的方式落实事故预防措施。

CCPS于2007年出版了《基于风险的过程安全》，呈现了全新一代的20个要素的过程安全管理体系。CCPS一共出版发行了100多项指南、工具和理念书籍，涵盖PSM相关的多个主题。表1.3列出了一些重要的指南和工具，可为公司/企业采用、实施和改进PSM体系做好准备。另外，本书的附录Ⅲ详细列出了RBPS的实施工具，并概述了各个工具的用途和应用实例(访问网站或参考网站上与本书有关的文件)。

其他行业团体和政府机构也制定了PSM框架，表1.4和表1.5列举了其中一部分。多数框架在结构上相似，包含的安全管理体系要素、提出的过程安全工作活动也相同或类似，但这些框架(尤其较新的体系框架)之间也存在差异。在许多情况下，提出新PSM框架倡议的国家或组织会明智地放眼全球，根据当前最佳的行业惯例来建立过程安全结构。

总之，PSM已得到提升。现在有许多过程安全模式、支持工具和组织机构来推动过程安全，并帮助组织机构和个人参与其中(如开展持续教育和创新)。在整个行业、政府和学术界向预防灾难性事故的共同目标一起奋斗的整个过程中，过程安全的成败取决于那些具有奉献精神和专业知识的人员。

表1.3 CCPS有关化工过程安全管理的指南和工具

- 化工过程安全技术管理指南，1989年
- 装置化工过程安全技术管理指南，1992年和1995年
- 危害评估程序指南，1992年和2008年
- 化工过程事件调查指南，1992年和2003年
- 过程安全管理体系审核指南，1993年和2011年
- 使用DIERS技术的紧急泄放系统设计，1993年
- 化工过程安全自动化指南，1993年
- 过程安全管理体系实施指南，1994年
- 过程安全管理、环境、安全、健康和质量整合指南，1996年

续表

• 有效操作和维护程序的制定指南，1996 年 • 压力泄放和排污处理系统指南，1998 年 • 过程安全管理体系的绩效评估工具 Prosmart，2001 年 • 保护层分析——简化的过程风险评估，2001 年 • 机械完整性体系指南，2006 年 • 基于风险的过程安全，2007 年 • 开车前安全审查有效实施指南，2007 年 • 安全和可靠性仪表保护系统指南，2007 年 • 过程安全变更管理指南，2008 年 • 过程安全评估指标指南，2009 年 • 工艺装置建筑物外部爆炸、火灾和毒物泄放评估指南，2012 年，第二版 • 过程安全工程设计指南，2012 年，第二版 • 保护层允许条件和条件修改指南，2013 年 • 整合管理体系和指标以提升过程安全绩效指南，2015 年

表 1.4 基于行业的 PSM 重大举措

• 加拿大化工工业协会(前身是加拿大化学品生产商协会)：程序，1986 年 • 美国化学理事会(前身是化学品制造商协会)：过程安全规范管理实践的责任关怀举措，1987 年和 2013 年 • AIChE 化工过程安全中心：化工过程安全技术管理，1989 年 • 美国石油学会推荐做法 750——过程危害管理，1990 年 • ISO 14001：1996 年和 2001 年：环保管理体系 • 经济合作与发展组织关于化工事故预防、准备和响应的指导原则，2003 年 • 美国化学理事会责任关怀®管理体系和环境管理体系 RC 14001，2004 年 • 英国能源研究所：过程安全管理总体框架，2010 年 • 加拿大化学工程协会：过程安全管理标准和指南，2012 年 • 美国燃料与石化制造商及美国石油学会的“过程安全提升”举措。(该程序包括过程安全评估指标、事件分享、过程安全危害辨识、过程安全地区网络和过程安全现场评估)。更多相关信息，请访问 www.afpm.org/policy-position-process-safety/。

上述 PSM 框架的部分内容会在第 4 章中详细讨论。

表 1.5 全球政府事故预防和 PSM 举措的部分清单

• 欧洲委员会：塞维索Ⅰ号指令，1982 年；塞维索Ⅱ号指令，1997 年；塞维索Ⅲ号指令，2012 年 • 美国职业安全与健康管理局高危化学品过程安全管理(29 CFR 1910.119，1992 年) • 美国清洁空气修正法案：第 112 节——事故预防，1992 年 • 美国环保署风险管理计划规定(40 CFR 68，1996 年) • 墨西哥：公共安全和环境综合管理系统(SIASPA)，1998 年

续表

• 英国：健康与安全执行局 COMAH 规定——重大事故危害控制条例，1999 年(于 2005 年和 2014 年修正)
• 澳大利亚：职业健康和安全法案(1985 年)、职业健康和安全(重大危害设施)条例(SR1999，1999 年)、重大危害设施控制国家标准[NOHSC1014(1996/2002)]、工作健康和安全(2011 年)
• 加拿大：加拿大环保法案-环保应急条例，第 200 章第 8 部分，1999 年
• 韩国：韩国 OSHA PSM 标准，工业安全与健康法案-第 20 条，安全和健康管理准备工作条例。韩国环保部-危险化学品管理框架方案，2001~2005 年
• 日本：高压气体安全法案，2006 年
• 巴西：ANP 油气行业事故预防条例
• 马来西亚：人力资源部的职业安全和健康局，514 法案第 16 章
• 新加坡：SS506 标准第 3 部分：职业安全和健康(OSH)管理体系-化学工业要求，2013 年
• 中国：化工企业工艺安全管理实施导则——AQ/T 3034，2010 年
• 美国安全与环境执法局：安全和环境管理体系，2011 年
• 国际油气生产商协会：过程安全——关键绩效指标的推荐做法，2011 年
• 墨西哥：NOM-028-STPS-2004，处理危险化学品系统的过程安全和关键设备，2012 年
• 欧盟：欧盟指令 2013/30/EU——海上油气操作安全，2013 年

完整的清单以及这些法规和措施的其他信息，参见附录Ⅰ。

1.4 实施 PSM 的经验教训

很多因素会持续或定期影响一个公司 PSM 体系的实施过程或整体绩效，例如：

• 重大的内部和外部事故会暴露出 PSM 体系实际或潜在的薄弱环节以及需要解决的新问题。

• 经济状况会给体系维护成本及资源的降低工作带来压力。

• 过程变更、合并或兼并会引入新的工艺/化学品，导致新的危害和风险。例如，一个小工厂可能之前从未被要求过实施 PSM 体系(由于规定或公司要求)，但现在：

○ 因工艺中增加了高危化学品的数量，需要正式实施 PSM 体系来确保对过程安全的高度重视；

○ 被其他公司兼并，因工艺中处理的化学品或其数量而被该公司要求正式建立 PSM 体系，以便降低对员工和临近社区的风险等。

• 有经验的 PSM 人员离开或转岗，导致该岗位现有人员知识、经验不足。

• 组织变更致使 PSM 体系的一些关键职责空缺，或经验丰富的 PSM 人员转岗。

- 招聘工程专业或其他专业的大学毕业生，在他们接触 PSM 工作之前，未向他们提供足够的 PSM 培训和教育。
- 法规变更增加了实施 PSM 体系的要求。
- 全球扩张导致了许多问题，例如当公司规模扩大时如何保持 PSM 体系的稳定性和适用性、整合被兼并公司的 PSM 体系、向来自不同国家的员工逐渐灌输良好安全文化等。

上述因素以及其他方面的影响将促使企业依据以下策略寻求新的方法来改进 PSM 体系活动：

- 根据风险评估，减少或消除被认为是要求过度或不必要的 PSM 体系活动；
- 更加有效地执行 PSM 体系活动；
- 使用相同的资源，但是更好地贯彻执行，从而改善效果；
- 投入较少的资源，获得更好的 PSM 绩效；
- 将现有 PSM 体系的实践和活动扩展应用到新领域；
- 在整个管理系统生命周期内推行现有的 PSM 体系(例如，卓越运营的方法)；
- 在现有的 PSM 要素基础上增加新的 PSM 活动；
- 创建新的 PSM 要素；
- 重建 PSM 体系；
- 为各个层级的员工建立 PSM 内部培训课程。

在过去的 25 年中，由于 PSM 体系变得越来越普遍，人们学习了很多 PSM 实施过程中的经验和教训。本书中的许多章节简要讨论或引用了一些经验教训的实例，通常正面的经验包括以下几方面：

- 良好的计划；
- 包含大量知识的资源库；
- 不断学习、持续改进与创新。

另外，本书的附录和网站上相关的文件提供了许多 PSM 实施的经验和资源，包括：

- 礼来制药公司 PSM 实施经验的案例分析(附录Ⅱ)；
- 礼来制药公司分享的一些 PSM 体系工具和资源(网站上)；
- “RBPS 实施”工具列表(附录Ⅲ)；
- 描述如何将 PSM 体系和要素的绩效映射到文化特征(附录Ⅶ)；
- 过程安全文化调查的实例(网站上)；
- PSM 项目详细实施方案的实例；

- PSM 相关软件的最新汇总；
- 承包商安全和健康指南。

1.5　过程安全业务案例

20 世纪 90 年代期间，过程安全在企业和现场变得越来越普遍，过程安全专业人员发现人们经常问这样一个问题：过程安全给业务活动到底带来了什么好处？

这个问题最简单的答案可以从缺乏合适的过程安全管理所付出的代价(即过程安全事件)中展示。估算“马歇尔的 100 个最大损失”(1974~2013 年)的财产损失总计达 340 亿美元。通常这些事故是由于过程安全管理体系失效或存有障碍而引发的。340 亿美元只是财产损失，这还不包括人员死亡损失以及企业、社会因事故造成的其他费用。比如：(1)博帕尔事故(2000 多人死亡，损失 4 亿美元)；(2)弗里克斯事故(28 人死亡)；(3)邦斯菲尔德事故(损失 10 亿英镑)；(4)朗福事故(2 人死亡，损失 13 亿美元)；(5)麦肯多事故(12 人死亡，损失 300 多亿美元)。

为了回答这个问题、阐明完善的 PSM 程序给业务带来的收益，CCPS 进行了一项研究，并于 2006 年制定了“过程安全业务案例”的首本手册，2010 年进行了更新和修订(参见附录Ⅳ)。除此之外，245 项目“过程安全与可持续性的业务案例”旨在用当前的案例更新原有的材料，并增加了可持续性理念。

该研究分别确定了过程安全的两个定性和定量效益：

- 定性效益
  - ○ 企业责任：过程安全保护企业的形象、声誉和品牌。
  - ○ 业务灵活性：过程安全维护企业的运营许可，并提供更多的业务选择。
- 定量的益处
  - ○ 降低风险：过程安全防止人员受伤，避免重大损失和环境损害。
  - ○ 持续的价值：过程安全有助于提高生产力，在规定时间内用更低的成本生产出高质量的产品，从而为股东创造价值。

有关实际的、可衡量的效益，参与此研究的公司报告了可观的直接成本效益：

- 生产力提升 5%；
- 生产成本降低 3%；
- 维护成本降低 5%；
- 资本预算降低 1%；

• 保险费用降低20%。

为了获得这些效益，此项研究提出了通过过程安全管理来实现卓越业务绩效的七个步骤：

(1) 指定负责人。一般来说，过程安全经理或小组应负责：(a)确保整个公司追求卓越的过程安全；(b)重新评估程序的有效性；(c)估算公司和现场的“过程安全投资回报率”；(d)与员工和公众进行沟通。

(2) 采用符合公司特性的过程安全理念。基于这一理念，按照CCPS指南(本书中所引用的)建立管理体系，并将其融入公司的核心价值观。

(3) 通过查阅文献及其他参考资料、参加过程安全专业人员提供的培训、与其他公司沟通交流(例如与他们联网、加入行业联盟等)来掌握更多的过程安全知识。

(4) 在公司其他业务中发挥过程安全的强大协同作用。例如全面质量管理(TQM)、法规要求和美国化学理事会(ACCs)的责任关怀等措施都可以共享过程安全中通用的要素。

(5) 设定可完成的过程安全目标，支持公司实现未来1~5年的经济效益。

(6) 定期按目标跟踪绩效(注意本书强调监督和评估指标的重要性，也提供了相关的参考资料)。

(7) 重新审查过程安全程序，并根据需要每3~5年进行修订(显然本书旨在对PSM体系的修订或升级工作给予指导)。

牢记在现场或公司定期制作PSM融入业务的案例。不断寻找并获取实施PSM所带来的效益，有助于公司持续开展PSM活动。

1.6　PSM与企业业务系统整合的重要性

虽然PSM体系能独当一面，但PSM体系还可以实现远超自身的目标和效果。如果PSM体系与业务系统融合，不仅可实现业务目标而且会降低过程安全风险。这样的管理系统举例如下：

• 过程安全信息(PSI)。PSI管理系统通常会超出PSI范围，还可能涉及知识产权(IP)或其他技术知识。

• 过程风险分析(PHAs)。公司常在过程危害之外的范围使用PHAs，例如商业风险分析。

• PSM操作程序和业务运行规程。

• 承包商对过程安全和业务运行的管理。

• 机械完整性(MI)。MI可延伸至如何提升设备的可靠性及延长装置运行时间。

- 事件调查技术，可应用于“生产损失”和设备故障事件中。
- 变更管理(MOC)。类似变更管理的严谨性可应用于业务运行。

“PSM 体系”不只是过程安全管理体系，它的目标和效果超出过程安全本身，通常还能确保业务可靠地持续运行。PSM 体系可被看作特定的或“聚焦某一领域”的业务系统，应与公司的业务系统进行整合并在各层级执行。在业务系统中，应记录、强调并熟悉具体的过程安全领域以及其他方面的目标和结果。

PSM 体系往往与其他管理系统共同承担一些通用性的要求(例如计划、预算、培训、风险分析、变更管理、异常事件报告及调查或分析、应急预案、审核、绩效分析和管理评审等)。对于多数公司来说，将这些共同或类似要素的重要内容标准化是很有意义的。PSM 体系与 HSE 体系或业务管理系统(BMS)整合度越高，就越能实现对一致性和效率的承诺(注：CCPS 最近编制的《整合管理系统和评估指标以提高过程安全绩效指南》(参考文献 1.1)一书中重点讨论了该主题，并提供了大量的相关指导)。

此外，大多数公司都要面对着监管重叠、行业与贸易协会以及各种认证要求等问题，导致公司耗费大量的资源和精力。将各业务系统进行整合并发挥协同作用，有助于确保安全而可靠的运行、简化流程与实现跨系统审核，并为贯彻国家法规企业制度提供支持。由于其中一些系统在多个领域是通用的，精心设计、严格实施整合后的管理系统有助于减少过程安全小组以及其他小组的工作量。另外，整合的系统有助于提高工作效率和客户满意度。此外，从最近的会议、在线研讨会、期刊和书籍中可看出整合过程安全、健康、环保、质量和公共安全绩效提升系统的重要性。

无论企业的生产装置是否受到监管，只要涉及危险物料，那么企业在其业务系统和其他风险消减程序中采用 PSM 体系的基本要素，就有助于企业取得优良业绩。不只是相关法规的要求，来自公众的社会舆论和政治压力也要求企业取得更好的安全和环保业绩。所以，每个企业都需要寻找提高运行效率和绩效、降低总体运行成本的办法，同时找出保持、提升其市场竞争性地位的方法。

尽管企业已分别构建了过程安全和其他业务系统的管理程序，但它们都具有与程序相关的类似期望。例如：

- 正式的实施程序；
- 与程序相关的具体记录要求；
- 用于证明绩效改进的评估指标。

由于各团队的目标有所不同甚至互相冲突，生产装置运行过程中可能会不经意带来不安全的程序变更，从而增加了过程安全相关的操作风险。一个整合的、管理良好的正规系统，可以控制、预防这类变更的发生。

PSM 与其他业务管理系统整合带来的潜在益处包括降低成本、提高解决问题的能力、工作程序一致性、持续改进、明确措施、完善的数据统计分析，让客户满意并主动参与(参考文献 1.1)。PSM 和业务系统整合的其他益处在本指南 1.4 节和附录Ⅳ(“过程安全业务案例”)所提供的 CCPS 手册中有讨论。

总而言之，PSM 与业务系统整合有许多益处，这也是 PSM 体系取得成功的关键。大多数成功的公司将过程安全与其业务系统及实践进行整合，理解并重视各业务系统对过程安全的影响，以确保过程安全在全生命周期内的持续性。

1.7 适用对象及如何使用本指南

本指南适用于负责设计、实现或监控 PSM 体系绩效的装置人员和企业人员。装置人员一般包括实施 PSM 要素活动的装置工程师或技术专家、要素协调员和 PSM/HSE 经理。企业人员一般包括 PSM 要素专家和 PSM/HSE 经理。

另外，本指南还适用于从事评估、计划、协调、建议或执行 PSM/HSE 的实施、整合或改进工作的人员，例如：

- 企业 PSM/HSE 协调员；
- 企业 PSM 要素专家；
- 设施/资产 PSM/HSE 经理和协调员；
- PSM/HSE 要素拥护人员和专家；
- 装置工程师；
- 工程和建筑公司人员；
- PSM/HSE 顾问。

本书提供的信息有助于公司开展以下一项或几项工作：

- 确定过程安全实施和绩效状况；
- 准备 PSM 体系的变更；
- 实施新的 PSM 体系；
- 将新要素融入现有的 PSM 体系中；
- 改进现有 PSM 要素或体系；
- 整合 PSM/HSE 与业务管理系统；
- 管理将来的过程安全绩效。

本书中多个章节对 PSM 活动都有相应描述，参与上述任务的人员可以考虑书中描述的 PSM 活动的特点。附录中也提供了其他有用的信息。表 1.6 列出了预设的用户需求，并提供了关于如何使用本书以便更好地满足这些需求的指导。

表 1.6　使用本书来实施 PSM 的指导

用户需求	可参考的章节
想要了解基本要素	1
PSM 体系实施和绩效评估	1，2
希望为组织机构变更做好准备	1，3，附录Ⅶ
制定、执行新的 PSM 体系	1，4，附录Ⅱ和Ⅲ
在现有的 PSM 体系中添加新要素	1，5，附录Ⅱ和Ⅲ
改进现有的 PSM 要素或体系	1，2，6，附录Ⅲ
PSM 体系与其他业务系统整合	1，7，附录Ⅳ
维持或提高 PSM 绩效	1，8

1.8　参考文献

1.1　Center for Chemical Process Safety of the American Institute of Chemical Engineers, *Guidelines for Integrating Management Systems and Metrics to Improve Process Safety Performance*, John Wiley &Sons Inc., Hoboken, New Jersey, 2015.

1.2　Center for Chemical Process Safety of the American Institute of Chemical Engineers, *Guidelines for Risk Based Process Safety*, John Wiley & Sons, Inc., Hoboken, New Jersey, 2007.

1.3　Center for Chemical Process Safety of the American Institute of Chemical Engineers, *Chemical Process Safety Management-A Challenge to Commitment*, New York, New York, 1988.

1.4　American Institute of Chemical Engineers, "History of Process Safety" (several articles), *Process Safety Progress*, New York, New York, Vol. 28, Issue 2, June 2009, pp. 103-207.

2 评估 PSM 体系的实施和绩效

任何可持续的管理体系的一个重要工作内容是监控体系的运行状态和绩效，并根据需要进行调整。确定运行状态的重要性在于：①知道从哪里开始；②理解需要付出多少努力；③确定最佳时间和投资回报的机会；④执行 PDCA 生命周期的“检查”部分。

装置 PSM 体系实施的情况及其实际过程安全绩效取决于多个关联因素。大型复杂石化装置的 PSM 实施及绩效评估方法不同于小型偏远的单装置设施，也不同于全球不同业务领域运营不同类型装置的跨国组织机构(例如，上游的勘探开发和下游的炼制与销售)。过程安全实施和绩效的影响因素包括：①装置规模和服役时间；②过程危害相关的后果严重性；③员工和经理的安全文化；④本装置及公司其他装置发生的重大事故；⑤法规要求和装置所在地的气候。此外，体系实施情况和绩效评估的方法(或工具)因装置所处生命周期阶段不同而不同。因此，应根据装置所处的生命周期阶段及其他具体因素选择合适的方法来确定装置的情况。

2.1 安全三角关系的改进

通常用安全三角关系(或金字塔)来说明事故不会单独发生，而是基本系统故障或事故预警进一步发展的结果。后来人们在三角关系中，添加了管理体系失效这一成因。再后来，不安全行为和态度及安全文化也加入安全三角关系中，用来说明深层次的原因，如果对这些方面缺乏充分的理解和管理，就会导致更严重的事件。

在某种程度上，安全文化是以“态度”这样的字眼提出的，但整个安全文化不仅是员工的态度，还是整个组织机构安全文化的反映(见图 2.1)。

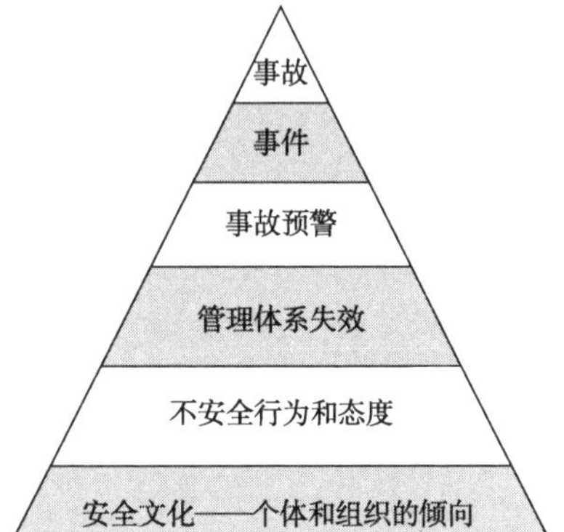

图 2.1 安全三角关系的改进

要准确描述装置的过程安全程序，检查

和衡量各层面的过程安全预警、事件、事故和基础系统的绩效是很重要的。另外，过程安全程序要从整体上得到准确的结论就需要对各层面做详细的审查。通过全盘对照安全三角关系的各层级，就可以确定某一项工作程序的优势，并将这些优势与其他领域分享。同时也可以确定某些薄弱环节，通过对这些薄弱环节加强资源投入，就可以最有效地提高过程安全绩效。

注意：三角关系中设置的层级是为区别不同的衡量内容，但 PSM 和其他管理体系会跨越三角关系的多个层级。某种程度上来说，一个管理体系应能提升行为和态度，反映组织机构文化和公司/现场的风险情况，并促进体系失效(即预警、事件和重大事故)的处理。检查和评估应能证实以下情况：

- 在我们的体系中反映出我们的文化、个人和组织；
- 由体系要求驱动行为；
- 确定、衡量体系失效，并采取措施；
- 员工很好地理解过程安全预警、事件和事故，并适当地与现场人员、公司和行业其他人员分享。

2.2 安全三角关系每一层级的常用指标

三角关系每一层级都有过程安全指标(评估指标或关键绩效指标[KPIs])。评估指标的类型和数量因公司和装置而异，甚至因生产工艺而异。评估指标类型应保持更新，并进行定期的审查和调整。评估指标应为前导指标和滞后指标的组合，所以至少应考虑以下因素：

- 过程安全绩效的历史趋势；
- 最近的事件；
- 企业/公司/现场的重点程序；
- 审核结果；
- 法规要求的评估指标；
- 管理审查和过程安全评估发现的薄弱环节。

本书未详细描述如何有效执行 PSM 相关的审核或如何有效使用审核结果来持续改进。更多信息请参考 CCPS 书籍《过程安全管理体系审核指南(第二版)》(参考文献 2.1)。

各层级的评估指标示例如下：

(1) 事故：过程安全事件的数量、事件严重性(对人员、环境、资产等的伤害或损坏程度)、常见故障或成因。

(2) 事件：现场急救事件的数量、严重程度、小规模泄放和火灾、应急救援队出动次数、常见故障或成因。

(3) 事故预警：过程安全未遂事件报告数量、不安全条件报告数量、安全系统需求数量、常见故障或成因。

(4) 管理体系失效：HSE 审核得分和发现项、逾期行动项的数量、产生的整改措施、安全会议参与人数、完成的培训、逾期/延期的 MI 检查、报警频度、事件调查有效性评估。

(5) 不安全行为和态度：已完成的安全检查、已完成的基于行为的安全观察。

(6) 文化(个体和组织倾向)：调查的成绩、访谈、管理层下基层情况、保洁的情况、沟通频度及有效性评估。

本书未详细描述如何更好地建立有意义的评估指标，但计划实施或更新过程安全评估指标(参考文献 2.2 和参考文献 2.3)的装置可以利用 CCPS、美国国家标准学会(ANSI)和美国石油学会(API)提供的资源。

2.3 企业/装置生命周期中的过程阶段

PSM 体系或程序实施的程度与程序的过程安全绩效状况所需审查的参数，会因公司和过程处于生命周期的阶段不同而不同。例如，在过程的构思和早期阶段，可用数据有限(或没有)。这种情况下，无法从审核和事件调查这类传统来源获得指示数据。但即使如此，装置在早期设计时应该考虑过程安全问题。例如，在制定平面布置图时，足够的设备间距和底部排放就是关键项目。利用过程安全这个“放大镜”来仔细地审查设计，是过程运行时实现过程安全绩效成功的重要因素。另外，还可从公司内外的类似过程中获得一些信息。在建立程序时，有经验的操作工、维修技工和工程师的判断也很有价值。

就过程安全运行的各个方面来说，装置管理层的“接纳”是过程安全系统成功实施的关键，可带来良好的过程安全绩效。装置人员和经理合作会极大影响 PSM 基准评估的有效性。评估阶段可能是公司 PSM 举措在公司的首次亮相，参与人员尤其是正在审查中的 PSM 活动和计划的参与者应认识到这点。使用的评估方法至少应在某种程度上为当地人所熟悉，并且由他们所认可的专业人员开展评估，这样获得支持和合作的可能性更大。

为便于讨论，公司/装置的生命周期划分为以下五个阶段：

(1) 装置的设计阶段(开车前)；

(2) 新公司/装置(装置建成或开车后不久)；

(3) 公司/装置收购；

(4) 装置扩建；

(5) 现有装置。

在生命周期的各阶段中，可用以下方法来评估 PSM 体系实施的状况和过程安全绩效：

• 评估和总结审核结果(例如，差距分析、法规符合性评估、公认且普遍接受的良好工程实践[RAGAGEP]评估)。

• 通过审查事件和未遂事件的根原因报告，找出趋势和共性弱点。审查结果应与 PHAs 或其他的风险审查相比较，确保实际事件的危害被纳入风险审查文件中，并且整改措施已包括在安全保护措施中(在合适情况下)。

• 对滞后指标(例如事故和事件)所收集的数据进行总结。与事件和未遂事件的审查相似，滞后指标的数据也应审查，目的在于持续改进，找出趋势和待改进的共性弱点，并在 PHAs 和危害审查文件中进行合理记录。

• 制定前导指标，并纳入评估指标，以便：(1)根据设施的需要改进过程安全程序；(2)通过设定具体目标(或评估指标)并要求对其进行定期报告，来提高过程安全绩效；(3)关于上述评估指标有关的过程安全绩效，与所有装置人员保持开放式的沟通渠道。

• 其他绩效特征的开发和应用，例如安全文化研究、员工调研、社区顾问委员会提供的社区信息。

此方法的价值因生命周期阶段和可用数据的变化而不同。无论公司/装置处在哪个阶段，计划都是关键，必须将过程安全目标和节点写入计划。识别出代表过程安全利益的知识和经验资源可确保过程安全绩效。“计划失败，终将失败”。

2.3.1 第一阶段：装置设计阶段(开车前)

装置的设计图已完成，甚至装置已经建好，但未开车。过程安全体系应与设备同时设计和施工。

(1) PSM 体系实施

在装置设计阶段，PSM 体系还没有建立，因此还未实施。此时，设计过程安全体系效果最好。初期的关键步骤如下：

• 寻找在实施和整合 PSM 体系方面有经验和知识的人员。重要的是尽早确定在过程安全方面知识和经验丰富的人员，并让他们参与从开车到稳定期间的各个阶段，确保过程安全完全融入规划、体系和文化中。

• 在这些人员的帮助下制定计划，在计划的各阶段纳入过程安全目标和节点。

• 建立并实施 PSM 管理体系，体系的战略目标要清晰，并且强调过程安全目标。

PSM 标准要求的员工参与计划是建立体系的良好开端。在制定 PSM 管理体系时，要以终为始(参考文献 2.4)，覆盖必要的方面，划分相关的责任，并建立持续改进机制。

根据其他公司装置的内部标准、法规要求及建立的程序来制定新的程序，参考本书第 4 章内容。装置指 OSHAs 中所包含的装置。

体系构架可根据 PSM 标准中给出的 14 个要素的结构要求来建立。程序和体系的建立可参考公司内其他装置的现有程序，尤其具有类似技术、物料或危害的装置程序。

（2）**过程安全绩效**

在该阶段没有可用的具体历史数据。在开车前，可根据公司标准、类似过程或类似过程的行业经验，设定初期绩效目标。有经验的员工根据经验综合考虑后，确定初期的评估指标。开车时应收集基准数据和评估指标，并用于过程安全绩效改进。总体而言，后面的开车数据和评估指标应更加广泛，便于确定所有的体系内容按照需要发挥其功能。在体系认证时，应按需调整并变换评估指标，以便与绩效和业务需求相匹配(关于如何更好地使用评估指标来促进绩效可参考现有的资源)。

2.3.2 第二阶段：新公司/装置(装置建成或开车后不久)

（1）**PSM 体系实施**

如果没有建立体系，那么使用的方法通常与上述装置设计阶段的方法一样。但有两个关键的差异：

• 装置应使用基于风险的实施方法，首先评估最高的风险，然后评估是否需要立即进行操作变更，包括在适用的 PSM 体系建立之前将装置停车以确保控制公司级风险。

• 新公司开始运营或装置开车时会伴有系列活动，即组织变更、过程变更、操作程序修订和正常的故障排查与治理，这些活动一般由 PSM 体系建设人员负责。体系建设需要很多资源，因此该阶段工作可能会进行得不尽人意。

另一方面来说，体系如果已经建立，即使还未测试，装置人员也应尽早进行初期差距评估。使用包含所有适用要素的 PSM 或 RBPS 审核协议，在生产处于稳定状态后尽快进行差距评估。《过程安全管理体系审核指南》(参考文献 2.1)中有详细的审核指导。在首次 PSM 合规性审核期间再做差距评估，此时装置已处于运行模式。只有审核才能发现潜在的危害，因此在执行首次正式的合规性审核之前，过程安全和法规风险可能会持续存在三年之久。

（2）**过程安全绩效**

因为可供数据有限，所以无法准确地评估实际的绩效趋势。但在装置开车或初期运行过程中识别出的任何事件、未遂事件或危险状态，应收集起来作为经验数据，用于其他的装置开停车和正常的操作活动中。新装置也可以考虑参考外部其他类似的装置(行业)来确定是否有可借鉴的经验教训。这些经验应作为 PSI 纳入 PHA 文件中，可在将来的 PHAs 中使用，并且应该将这些经验和所有受影响的人员分享，可酌情纳入培训和规程中。当数据可获取时，早期的绩效信息也可用于调整初始目标和评估指标(关于如何更好地使用评估指标来提高绩效，请参看可供资源)。

2.3.3 第三阶段：公司/生产装置收购

当收购生产装置或公司时，评估 PSM 体系的实施状况应是收购后的初期重要工作之一。

(1) **PSM 体系实施**

评估 PSM 体系实施和绩效状况是尽职调查过程的关键活动之一。但就性质而言，尽职调查涉及许多主题，PSM 相关审查投入的精力通常无法达到准确评估所需的深度和广度。因此，建议新业主在完成收购后，尽快使用包括所有适用要素的 PSM 或 RBPS 审核协议(参考文献 2.5)进行全面详细的差距评估，并重点关注最近的 PSM 合规性审核，识别出用于确保持续合规的管理体系。

整合计划应包括 PSM 和 RBPS 的初期评估、风险情况和文化差异。评估结果应基于相关的风险、更新计划来消除差距，同时结果中要包含所需的资源。

新业主应该对装置选址和后果进行充分的分析研究，从而了解装置的薄弱环节，尤其是那些与周边在用建筑物中的人员相关的危害。在审核和审查后，应建立翔实的(但积极的)行动计划来消除差距。依据需求建立管理体系，并根据审核和审查结果更新体系。

根据本单位情况，装置管理人员应考虑启动装置过程安全文化的评估项目，根据评估结果采取过程安全文化整改措施。基本上可以肯定两个合并公司的安全文化不尽相同，甚至差异十分明显。通过安全文化评估，可以采取措施统一安全信息，形成一致的安全文化。良好的安全文化研究表明，若不及时统一安全文化，安全绩效结果会不尽人意。

(2) **过程安全绩效**

通过收集各方面来源的事件调查和根原因信息，找出事件趋势和常见/重复的故障，从而更好地了解装置的过程安全绩效。其他信息可以通过对现有滞后指标的评估和趋势的分析获得。分析结果应进行交流和展示，绩效趋势的分析可用于现有的装置。

全体人员应对现有的前导评估指标进行评估，以了解现有装置的完整性和相关性情况。评估结果应进行交流和展示，绩效趋势的分析可用于现有的装置。

2.3.4 第四阶段：装置扩建

装置的大规模扩建将对过程安全提出特殊挑战。扩建项目显然是要增加装置的产能，或是满足市场需求。装置可以通过改建来实现过程安全的改进(例如，新的安全仪表系统)，但扩建时过程安全并不是关键的设计变量。因此，有必要从一开始就体现扩建项目组的过程安全职能，并在计划和实施的各阶段体现该职能。过程安全人员帮助其他扩建项目人员理解过程安全如何受到扩建的影响。例如，PSM 要素包括：①过程安全信息；②过程风险分析；③操作程序；④培训；⑤机械完整性；⑥变更管理；⑦开车前安全审查(及其他)。这些要素直接受扩建变更的影响。过程安全人员要确保各阶段计划均包括合理的过程安全要求，并认证体系建设和实施的质量。

特别要注意一个常见的误区，即将新设备看作已建装置的一部分。没有完全相同的两个过程或部分。尽管都以完全相同的方式建成，但它们所在位置不尽相同，以此为例，就需要检查装置选址问题。另外，因从第一个装置获得了经验教训，通常会对第二个装置的设计进行调整(例如，施工材料和仪表)，因此即使装置相同，它们却由不同的人操作。这些差异会从根本上影响过程安全。

随着大规模扩建项目的本质变化，就和新建装置一样，仔细审查扩建的 PSM 各方面内容是很重要的。当然，差异就是工厂扩建比建新厂有一定优势。它可以融合现有程序(例如，检查、测试和预防性维护[ITPM]、规程、培训)，也可以借鉴之前的审核、检查、事件和未遂事件，以此作为扩建过程的起点。吸取这些经验教训，有助于避免事件再次发生。

(1) PSM 体系实施

扩建装置的 PSM 体系状况的评估策略界于新建装置(上述)和现有装置(下述)之间。新建装置所使用的法规和内部要求的评估工具，同样可以用来分析新扩建对现有过程的影响。应将现有装置当前运营良好的体系应用于扩建的装置。

对于想利用已有装置优势(PSM 体系取得巨大成功的部分)对现有体系进行微调，以及调整或改进运行不良的装置来说，扩建是一个很好的机会。例如，如果认为 PHA 程序充分有效，那么装置人员可考虑整合 PHA 的知识，形成一个更加强大、一致的 MI 程序。也就是说，PHA 中确定为安全保护措施的设备和其他仪表应：①被一致标识为关键设备；②包括在 ITPM 计划中；③作为安全操作限值文件的依据。

(2) 过程安全绩效

虽然扩建的装置没有初期绩效数据，但原来的装置会有许多数据。现有的评估指标和目标是绩效评估的起点，应根据扩建装置的需要，对它们进行审查和修改。

在评估扩建装置 PSM 体系的实施和过程安全绩效时，如果没有仔细审查，则不要假定现有体系是很充分的。因为装置扩建前后的差异会很大，流量、容量、设备尺寸、组分和其他过程参数均发生变化，因此会产生新的危害和安全保护措施，所以需要额外(或修改)的 PSI。装置人员在审查扩建过程时，14 个 OSHA PSM 要素(和 20 个 RBPS 要素)应全部考虑，以充分应对影响 PSM 体系和潜在影响过程安全绩效的变化。

2.3.5 第五阶段：现有装置

具有多年经营历史的装置通常已建立起可被评估的 PSM 体系，应确保体系具有所有必需的内容、要素以及可被衡量的结果和状态。

(1) **PSM 体系实施**

对现有 PSM 体系定期的合规性审核是一项必须的监管工作，也是一项可行的必要措施。一般来说，仅仅改进评估指标，容易忽略管理体系的定期审核。实际上，这种内部评估应是管理体系本身重要、可见的要素。定期对 PSM 体系进行评估，并进行中期修正，有助于确保体系的活力和更新。相关的重要考虑事项包括：①确保评估成为组织机构定期(至少每年一次)工作计划的一部分；②根据分析和所确定的风险来确定重点区域；③确保在每个计划的举措中确定、突出并融合了 HSE(包括过程安全)。

建立一种有效的方法来跟踪、确保所有体系审查活动产生的整改措施已完成十分重要，这也是监管的需要。建立翔实的(积极的)的行动计划来消除体系审核和评估中所确定的差距。现有的装置应评估其过程安全文化，并根据情况采取整改措施。

体系的规模和质量存在巨大差异的情况很常见。在公司里，一些业务因个体需要可能已先于其他部门解决了一些 PSM 问题。在基准评估的过程中，可以很好地辨识出满足 PSM 目标最低要求的体系和不满足要求的体系。

期望风格上有巨大差异。许多公司(和个别装置)都有正式和非正式两种管理体系。正式程度(文件、审批、追踪)通常与管理体系管控活动的风险相关，也与组织本身的结构或文化有关。

当缺乏明确的标准时，以下列出的七大特点可能有助于管理体系的评估。谨记，这些特点不是绝对的要求。装置的管理体系可能大相径庭，但都能取得预期的结果。

管理体系特点

① **政策、程序和规程**：目标已设定。企业和装置正式的工作计划、政策、指南、标准和规程清楚地定义了 PSM 体系的范围、结果、节点、启动机制和备选方案。管理层对这些体系要给出承诺和支持。政策、程序和规程应定期审查和修订。

② **责任明确**：装置人员理解各自的职责，使 PSM 体系实施和过程安全绩效达到期望的水平。已建立了合适的检查和制衡措施使利益冲突最小化，同时建立了内部协调和沟通机制。

③ **批准和授权**：已确立合适的代表，对于常规、非常规或不规范的具体操作，已清楚地建立了授权批准规定；定义了差异程序；批准等级与任务的重要性相匹配；合适的人员已被授权。

④ **人员培训和经验**：装置人员要有充足的经验、培训和意识，来完成 PSM 程序或活动。人员要熟悉所适用的法规要求、内部标准和指南以及公认且普遍接受的良好工程实践。组织机构中各级员工都要参与体系的制定。

⑤ **保护措施**：已建立预防或控制重大问题的安全保护措施。行政管理措施到位，用于联合检查关键操作的完成情况。

⑥ **文档**：记录 PSM 活动的结果、合规性/绩效结果。

⑦ **内部认证**：已建立相应的体系和规程，用于按标准和节点来审查绩效，并报告与既定(外部或内部)标准的偏差。

(2) **过程安全绩效**

除现有装置(如上述被收购的装置)的 PSM 绩效评估外，装置人员应确保整改措施计划为当前使用，并且所有措施都及时落实并跟踪完成。许多装置在整改后需要进行验证，这要求独立人员审查建议项，并将其与实际所做的工作进行比较，以确保跟踪数据库关闭行动项之前落实了整改措施。

同样，现有装置也应有一种既定的方法，以确保 MI 检查期间识别的不符合项被迅速更正。同时应设定并遵循不符合项的判定标准和判定范围。要使用超过寿命期限设备的任何决定应经装置管理部门(包括专家和技术主管部门)的仔细审查和批准。

最后，过程安全绩效分析应是年度(或定期)计划中不可分割的重要组成部分，此计划为组织机构设定目标、确定举措及预算费用。表 2.1 总结了各个阶段建立 PSM 体系适用的方法。

表 2.1 各个阶段建立 PSM 体系适用的方法

项　目	装置处于设计阶段	新建公司或装置	公司/装置的收购	装置扩建	现有装置
建立 PSM 体系	×	×	×	×	
审核 PSM 体系			×	×	×
定义 PSM 程序	×	×	×	×	
审核结果的实施及审查		×	×		×
定义滞后指标	×	×	×	×	

续表

项　目	装置处于设计阶段	新建公司或装置	公司/装置的收购	装置扩建	现有装置
审查滞后指标		×			×
定义前导指标	×	×	×	×	
审查前导指标		×			×
审查绩效特征			×	×	×

2.4 结论的记录

一旦收集到了需要的信息，下一个挑战就是组织实施，以便团队能很好地识别 PSM 体系的差距和相关问题。了解 PSM 体系总体状态的一个有效工具是使用定性等级量表为各个装置各要素的管理体系定级。一种方法是使用以下定义对 PSM 体系的成熟度进行评级(参考文献 2.5)。

(1) **成熟度为一级的体系**

- 工作人员以类似消防战士的态度来处理最紧急、最迫切的需求。
- 体系的有效性取决于一两个关键人员。如果关键人员离职，则会带走大量体系和制度知识。
- 装置或多或少符合其已有规定，但几乎无法保证满足所有适用的要求，更不要说执行了。
- 合规文件不充分。
- 明文规定的体系文件质量参差不齐且不完整，各个体系之间缺乏协调或关联。

(2) **成熟度为二级的体系**

- 装置已设定了一些 PSM 目标。
- 已建立体系。
- 体系功能与组织机构的整合程度大于一级成熟度。如果一个关键人员离职，体系有可能短时间内恢复。
- 装置能符合多数适用法规要求，并明确了尚未达到合规性的区域。
- 装置定期审查其合规状态，确保体系按设计实施。

(3) **成熟度为三级的体系**

- 装置设定了正式的 PSM 目标，并追踪目标进展。
- 员工已从合规管理过渡到积极的风险管理。
- 体系功能完全整合到组织机构中。如果一个关键人员离职，则组织机构的恢复体现为配员不足，而非技能不足。

- 装置已符合所有适用的法规要求，并有记录文件。
- 明文规定的体系文件完整，符合法规要求。
- 装置除使用内部人员外，还使用装置或公司以外的专家进行定期自查。
- 组织预测并跟踪新的法规要求，并且根据监管计划实现合规性。

通过装置评级(见表2.2)可以反映出PSM整体的长处和不足。

表2.2 PSM状态概述举例

PSM要素	初级体系(一级成熟度)	发展中体系(二级成熟度)	成熟体系(三级成熟度)
变更管理		装置A，装置B	装置C
培训	装置A	装置B，装置C	
过程知识		装置A，装置C	装置B
项目审查		装置B	装置A，装置C
人为因素	装置A，装置B，装置C		

无论选择哪种评估方法，评估后应使团队清楚地了解公司在当前的PSM体系运行和状态方面的优势及需要改进的地方。这些结果可在简明的进度报告中总结出来(见表2.3 OSHA PSM模式举例)。此报告总结了PSM团队建立PSM体系的进展。在获得了管理层的批准后进行PSM评估，以查明各分区PSM的实施情况。评估结果如下：

表2.3 过程安全管理(PSM)团队进展报告举例

要素	设施的状态		
	A	B	C
员工参与	+	-	-
过程安全信息	++	+	-
过程风险分析	-	-	○
操作程序	++	++	+
培训	++	++	++
承包商	○	○	○
开车前安全审查	-	-	○
机械完整性	+	++	+
动火作业许可	+	+	+
变更管理	+	○○	-
事件调查	+	+	+

续表

要素	设施的状态		
	A	B	C
应急预案和响应	+	+	+
合规性审核	-	+	+
商业秘密	+	+	+

++ PSM 体系到位，形成文件，完全可用；
+ 非正式体系到位；
- 体系不完整，需改进；
○ 无体系；
○○ 体系存在，但未遵守。

2.5 参考文献

2.1 Center for Chemical Process Safety of the American Institute of Chemical Engineers, *Guidelines for Auditing Process Safety Management Systems*, *2nd Edition*, John Wiley & Sons, Inc., Hoboken, New Jersey, 2011.

2.2 Center for Chemical Process Safety of the American Institute of Chemical Engineers, *Guidelines for Process Safety Metrics*, John Wiley & Sons, Inc., Hoboken, New Jersey, 2009.

2.3 ANSI/API Recommended Practice 754, *Process Safety Performance Indicators for the Refining and Petrochemical Industries*, American Petroleum Institute, Washington D. C., April 2010, www.publlcations.api.org/.

2.4 Covey, Stephen R, *The 7 Habits of Highly Effective People*: *Powerful Lessons in Personal Change*, Simon &Schuster, Inc., New York, New York, 2013.

2.5 Center for Chemical Process Safety of the American Institute of Chemical Engineers, *Guidelines for Implementing Process Safety Management Systems* (citing Arthur D. Little, Inc.), John Wiley & Sons, Inc., Hoboken, New Jersey, 1994.

3　向过程安全管理理念转变的准备工作

若要成功完成向过程安全管理(PSM)体系的转变，公司应做好如下准备：(1)确保管理层做出承诺；(2)为向PSM理念转变建立文化氛围；(3)尽可能将PSM与HSE、业务管理系统相整合。

3.1　确保管理层做出承诺

无论是建立新的PSM体系还是改进现有的体系，如果管理层未做出承诺，那么体系就不会生效，也不会成功。投入时间去获得管理层的承诺会得到强有力的支持，这有助于加快PSM实施或改进等长期工作的进展。此处所使用的“承诺”指清晰具体的行动项，不仅仅限于字面的意思。管理层说“我们致力于过程安全管理的原则”，这只是第一步。获得管理层承诺的目标是要实现“我们致力于过程安全管理的原则，并投入时间引领组织，以便这些原则可以融入日常工作中。为确保成功，我们也会提供必需的人力和财力等资源。”

没有CEO的个人承诺，PSM不会取得成功。如果举措在组织层面缺乏优先性和紧迫性，即使发起者付出再大的努力、再好的意图，举措也可能无法全面实施。随着时间的推移，由于不完整的措施可能花费的时间长、成本高，所以它效率低，甚至没有效率、不会成功。PSM是一个持续的过程，不是一个事件或一系列不连续的活动。没有持续性，PSM实施或改进过程很容易失败。

有力的支持意味着不仅提供资源，还要确保相对于公司其他项目，PSM具有优先性。PSM需要将正当性作为一个业务目标，在长期工作改进和短期商业考虑之间进行权衡的情况下保持自己的地位。无论安全专家、PSM体系负责人和其他提供支持的人员做出多大的承诺，这种正当性只有CEO和董事会的个人承诺才能给予。

实际上，高层管理人员的支持也会在实施层面上产生强大的促进作用。如果高层管理人员认为PSM是优先活动，则更加有可能督促公司员工的参与。相反，被员工看作“风靡一时”的举措不会赢得员工持续的支持。另外，高层的承诺会设定绩效的标准和期限。没有人愿意反复打扰或影响高层管理人员的工作(而且这样做肯定会适得其反)，但高层具体明确的期望会极大地促进个人承诺的实现。

在确定了管理层承诺的意义之后，真正的挑战是获得管理层的承诺。虽然没有一个固定的故障-安全模式，但根据公司实际情况，有一些明确的初始步骤可以考虑。

3.1.1 高层领导角色的定义

领导需要了解组织活动所具有的风险，并在重大的事故风险与其他商业威胁之间做平衡。尽管重大的事故很少发生，但潜在的后果严重性很高，因此领导需要认识到：

- 重大事故一定是商业风险；
- 许多重大风险事件的整体范围，包括供应链中断的可能性；
- 对待过程安全风险管理和其他业务过程管理需要一视同仁，包括财务管理、市场、投资决策等；

良好的 PSM 需要高层领导的积极参与。因为他们在公司安全管理和组织文化方面有很大影响力，所以他们对组织很重要。

为了重点预防重大事故，领导还需要全面认识这些事故的影响及对企业的潜在破坏性后果，包括：

- 人员伤害，例如死亡和重伤；
- 环境破坏，例如大气、水体和土壤污染；
- 因生产中断导致业绩降低，以及客户或供应商的流失；
- 可能导致高昂的直接成本(例如资产减少或维修成本、法律费用和罚款)和间接成本(例如增加的保险费，失去股东信任，股票价值下跌)损失；
- 对当地经济造成的负面影响；
- 因负面宣传、法律诉讼等对组织机构的声誉造成长期的损害；
- 因上述影响，导致公司无法成为可持续发展的实体企业。

高层管理人员(包括 CEO、人力资源经理、财务经理和运营经理)应能回答的关键自查问题包括：

- 是否知道你们公司的重大事故风险?
- 是否知道你们的主要薄弱环节在哪里?
- 如何解决上述问题?
- 对当前风险等级的关注如何?
- 你对所有安全体系都能正常运行有多大信心?
- 你能够获得好消息和坏消息吗?
- 如果发生事故，你会责怪谁，别人还是自己?
- 你会竭尽全力来预防重大事故吗?

3.1.2 选择 PSM 支持者和管理倡议者

无论是在组织内初步实施 PSM，还是改进现有的 PSM 体系，PSM 支持者负责推动 PSM 的实施。通常 PSM 支持者具有安全、工程和操作专业的背景，因为 PSM 要素（无论上一版[参考文献 3.1]中所列的 12 个要素，还是《基于风险的过程安全》[参考文献 3.2]中所列的 20 个要素，或 OSHA PSM 和 EPA RMP 的 14 个要素）涉及以上专业。在与组织机构中的利益相关方沟通时，熟悉并掌握这些专业可提高 PSM 支持者的可信度和影响力。根据组织机构的规模和构成，PSM 支持者可以是公司的、地方的甚至设施人员。理想的 PSM 支持者要知道公司成功的关键所在，以及公司业务发展的战略重点。最后，成功的支持者善于获得同事的支持并增强凝聚力。

与 PSM 支持者一样，无论是在组织机构内初步实施 PSM，还是改进现有的 PSM 体系，选择合适的管理支持者对于确保 PSM 的成功很重要。每个公司都有自己的文化、管理风格、组织行为和构架。在许多情况下，项目的职能组织不同于正式组织，因为项目是由职能组织而不是正式组织完成的。同样，不同的组织机构对支持者的期望也是不同的。在一些情况下，倡议者是积极的亲身实践者，而其他情况下，他们的主要任务是支持和监督。

选择理想的 PSM 管理支持者时应考虑以下因素：根据组织的规模和结构，PSM 典型的管理支持者是公司/区域经理或安全总监。从根本上来说，PSM 支持者必须确保高层管理人员（负责过程安全的领导）对 PSM 做出承诺，以确保公司运营的长期连续性、公司上下的一致性，并与公司政策相吻合。

3.1.3 推介 PSM 实施或改进的需求

选择好合适的支持者和拥护人员之后，下一个任务就是向高层管理人员倡导 PSM 的理念，即公司需要建立一个有效的体系，可以是组织机构初次制定和实施 PSM，或是改进现有的体系。

(1) **了解听众**

PSM 支持者应与支持者和组织机构内合适的利益相关方合作，了解高层管理人员（即“听众”）的期望。调查他们的业务重点、跟踪具有可比性的举措、了解专业背景。支持者还应确定过程安全原则的详细程度。这可能取决于公司高层管理人员的职业经历和专业背景。那些具有操作背景、工厂经验、技术培训经历等的人员，比具有财务、销售、法律或市场营销背景的人员，更了解过程安全及其管理。关键一点是高层管理人员的日常工作重点不同于 PSM 支持者，他们的工作就是引领整个公司长周期运行。要把这项工作做到最好，高层管理人员必须将影响公司策略的各种因素（经济、社会和政治）考虑到业务运作中。

一定要保持论点集中。每个人都有过这样的经历：有些人讲话总是不切主题，却对无关紧要的讨论纠缠不休。根据听众的兴趣和议程安排，讨论要直奔主题，将背景等次要问题的讨论减到最少。使用举例和典故是很好的方法，但过度依赖个人经历或“血汗史”就会失去吸引力。同样地，试图解决所有可能发生的意外事件和变化的观点也无法说服听众，因为矫枉过正。

要根据听众的喜好构建 PSM 框架。人们更关注与自己相关的信息，而不是一般或学术的内容。例如“PSM 可提供经济有效的方法来提高过程安全绩效”，解决了两项高层管理人员关注的问题：企业收益和负债风险。这种讨论就是围绕听众的兴趣来进行的，并且关注结果。

在其高层管理人员具有较强经营管理经验的公司中，PSM 背后的理念更是不证自明的。在这种情况下，只要简单概述 PSM 的原则即可。在其他公司，高层管理人员的操作经验和过程安全知识可能有限，这意味着首要任务是向他们介绍基本的信息。当公司高层管理人员既有经验丰富者，又有经验不足者，则需介绍的信息也不同。在这种情况下，重要的任务是寻求更有经验的管理人员对实施或改进 PSM 建议的支持。无论哪种情况，对支持你的人员进行事先的需求分析。

（2）**确定 PSM 带来的益处**

一旦获得了管理层的理解，下一步就是确定实施新的 PSM 体系或改进现有体系的益处，然后将这些益处与管理层的需求相匹配。虽然合规性确实是实施或改进 PSM 的一项益处，但这绝不是唯一的益处。而且，合规性是获得其他益处的基础。一个有效的 PSM 体系带来的益处远不止符合规定这一项。

除了确保员工的安全和合规性之外，实施和改进 PSM 体系的主要益处包括：

- 降低死亡或重大环境事件的概率。
- 避免损害公司的声誉和价值(如股价、私营公司潜在的零售价格)。
- 避免出现因重大伤亡事故和重大运营停工而扣除高层管理人员奖金的情况。
- 避免发生重大事故或伤亡之后高层管理人员花费精力进行事件调查及相关事宜。

以下为实施和改进 PSM 体系后的潜在益处：

- 通过以下方式可以降低成本和减少停车：
  - ○ 改进维护方式和系统，减少设备故障发生，提高过程的可靠性，完善维修维护方案；
  - ○ 管理工艺变更来避免工艺异常和停车；
  - ○ 完善操作信息，从而跟踪工艺操作条件中的变化，避免返工，减少浪费。
- 在项目设计早期，对新项目进行系统性审查，确保安全性和可靠性；进行设计改进，从而节约成本。

- 通过提高质量，增加客户的满意度。
- 提高在行业和股东中的声誉。
- 清晰的安全承诺和持续的管理实践更易吸引和留住人才。
- 工会领导参与 PSM，与员工保持沟通可以改进劳资关系。

识别公司的潜在利益可以为建立或改进 PSM 体系提供重要支持。如上所述，PSM 不管是对特定的操作还是对整个公司都能带来益处。提前花时间策划实施，有助于提供合理的依据从而获得高层管理人员的认可。除此之外，如果在此项工作中有其他人参与，这将为下一步的合作奠定基础。使用专业的方法来识别益处也有助于预测到高层领导和其他人所关心的问题。

CCPS 编写的《过程安全警示灯》(参考文献 3.3) 帮助确定实施 PSM 的益处和改进 PSM 体系的方式。《过程安全警示灯》每月一期，每期一页纸，包含了大量的过程安全问题。每期都会描述一件真实事故，然后讨论事故教训和避免类似事故的实用方法。

(3) **形成论点并论证**

一旦确定了公司实施 PSM 的益处并按主次排序之后，需要将其组织整理进行有效的展示。展示形式因公司而异，所以不存在唯一"合适"的方法。有些公司非常正式，要求提供书面议程和文件，并希望提供非常有条理、结尾是问答环节的介绍稿。有些公司比较随意，介绍时可围绕主题进行灵活的小组讨论。

可以预设公司的风格和管理层的喜好，并制作一个最能满足他们需求和期望的演示。有关演示内容和表达技巧的一些基本知识，可能对你有所帮助。无论寻求何种形式的支持，或企业任何形式的组织结构，以下建议都是适用的：

① 首先列出大纲，将提议汇总起来，并确保包含所有的关键点。

② 准备好提议，确保让那些可能没有到场的关键人物也能理解。

③ 举例说明制定或改进 PSM 体系的重要性，并在 PSM 改进活动的建议和导致事故的具体措施之间具有直接关系的地方进行标注。

④ 为提议准备行动方案，包括行动过程、基本原则和下一步计划。

⑤ 演示之前排练几次，确保你能有效推介 PSM。

3.1.4 高层承诺的需求

高层管理人员说，"好吧，你已让我们相信 PSM 是一个好主意，我们赞同你的想法。现在你想要我们做什么?"或者，高层管理人员说，"好吧，我们同意了，放手去做吧，需要我们做什么呢?"

定义需求

要回答这些问题，你需要对高层管理人员的角色有明确的想法，并能清楚地表达要他们参与的具体建议。正如前文所讨论的，高层管理人员在 PSM 实施上的角色因公司风格和组织结构的不同而不同。但无论公司结构或风格如何，一般有四个方法来有效设置高层管理人员的角色：

(1) 领导始于上层：向所有员工和承包商传达过程安全的宗旨；使过程安全成为董事会议的首要议题；每次参观操作现场时，穿戴个体防护装备(PPE)，与一线工作人员讨论过程安全问题；其他类似活动。

(2) 设定公司的 PSM 目标。可以是有形目标(如节省资本、降低意外泄漏事件率)，或是哲学目标(如“我们的公司要成为业内过程安全引领者”)。

(3) 沟通 PSM 的重要性。包括内外部沟通，可能是企业沟通计划的一部分，也可能是一项独立工作。

(4) 为 PSM 提供资源。这意味着要认识到，实现 PSM 目标需要一定程度的投资，并授权分配合理的人力和其他资源。

另外，以下几点需要注意：

- 高层管理人员的角色是支持，而不是重复 PSM 支持者的工作。领导应明白你不能指望其他人来替你干工作。同时，高层管理人员应认识到一些工作也是你无法承担的，例如资源分配或代表公司参加高级业务论坛。

- 相对于宽泛的需求，具体的要求更容易得到高层管理人员的回应。比如，“首先我们需要一个使命宣言”，这样的表达可能会引人发笑，也得不到协助。而“任务组已经制定好了 PSM 宗旨，等待审查和签署；我们计划分发到每个装置，并开始启动工作”这样的表述会准确地告诉领导你的需求和理由，并表明你希望负责这项工作。

- 高层的支持通常在高度透明化时最具价值。对于 PSM，高层管理人员起到的最大作用就是在公司内外明确地认可这项工作。高层管理人员积极参与 PSM 的沟通会增加其可信度，并将 PSM 视为公司关注的重点，即使是最专业的团队也无法做到这一点。

3.2 为向 PSM 理念转变而建立文化氛围

实施新的 PSM 体系或改进现有体系可视为一场组织变革。组织的 PSM 变革会涉及以下几方面：(1)新文化的创建(通过收购而建立的新公司或首次制定并实施 PSM)；(2)文化的融合(公司合并，装置或地方的 PSM 标准分别并入地方或公司的 PSM 标准)；(3)加强或振兴文化(一些老公司，已偏离其基本的原则或正在改进现有的 PSM 体系)。

为转变而建立的文化氛围是指组织能够接受改变，并让公司的员工和承包商准备好接受改变，摆脱现状，向代表理想文化(即为转变而建立的文化)的行为和信念前进。从根本上来说，文化高于愿景，因为公司文化在某种意义上促使员工和承包商在实现 PSM 愿景的道路上不断进步。愿景是指组织或者公司前进的目标，而文化则决定是否能实现以及如何实现愿景。

转变组织文化有三个基本步骤：

(1) 了解并评估当前的文化。文化是推动组织内个人行为的共同价值观和信念，它基于个体共同拥有的一段历史。从根本上来说，文化就是组织“做事的方式”。为了改变一个组织的文化，第一步是要了解并评估组织现有文化的优势以及所面临的挑战。网站上与本指南相关的文件包含一个安全文化调查的实例。

(2) 畅想新文化。新文化是什么样的？与现有或过去的文化有何不同？公司中的每个人如何发挥作用？设定实现愿景的一个目标(例如，PSM 的实施或改进，可以带来 3.1.3 节所列出的一部分或所有益处)。与领导团队保持一致，并与每个人分享愿景。

(3) 创建并实施所希望的文化。积极热情地接受新文化的愿景。领导者需要明确新的文化和最有利于支持新运营模式的潜在行为，为意想不到的逆境做好准备。尽管文化变革缓慢，但基于领导层的每一项决策和组织内部的集体行为，公司文化都会不断转变。

此外，有关过程安全文化的更多信息和参考资料，请参阅本指南第 8 章。

3.2.1 变革管理的关键

变革管理的关键在于：

- 高级管理层、员工和承包商的领导力和承诺；
- 用于变革的实际资源；
- 向员工和承包商传达变革的信息；
- 实施变革的时间点和维持变革所需的时间。

(1) **领导和承诺**

正如前面所述，设定 PSM 的目标、传达 PSM 的重要性和提供 PSM 所需的资源，说明了建立或改进 PSM 体系的变革过程始于高级管理层的领导和承诺。通过目标设定、重要性的传达和 PSM 资源的提供，高级管理层将组织的价值观与体现价值观的原则紧密联系，从而影响 PSM 实施或改进。

高层的支持和强调团队建设、鼓励员工参与项目研发(即允许员工成为项目负责人)的领导风格可以带来更大的成功。没有高级管理者明确的领导力和承诺，PSM 新体系的初步建立和实施，或改进现有体系的工作将不会取得成功，也不会实现其他潜在的价值。领导力和承诺也需要由负责建立、实施或改进 PSM 体系的员工和承包商来实现，从根本上来说，是由受 PSM 体系(如“变更”)影响、负责执行 PSM 体系要求的人员来实现。因此，组织内 PSM 的职责分配是很重要的。

PSM 体系通过制定政策、规程、管理系统以及工作惯例，使受影响的员工和承包商履行职责和要求，实现期望的绩效(更多信息参阅本指南的第 8 章)。要取得成功，PSM 体系需要与操作、维护、工程、采购和产品质量相关的其他业务和管理系统合作互补(更多信息参阅本指南的第 7 章)。体系一旦建立，员工很快就会意识到这种转变：(1)有益于他们；(2)有助于他们的工作；(3)有助于公司保持市场竞争力。PSM 的成功及其他潜在益处的实现取决于高层管理人员、员工和承包商的领导力和承诺。

(2) **执行变革的资源**

变革的成功取决于高层管理人员对变革所提供的资源，这是不言而喻的。通常我们认为资源是项目预算和项目组人数。项目组的技能、知识和经验也会影响变革实施所需的时间、变革的长期成功及可持续性。

(3) **沟通**

对于帮助高层管理人员做出承诺和获得所有员工与承包商的承诺来说，沟通是很重要的。项目实施的全过程和对项目的持续支持，都需要一个完善的沟通机制来实现组织内人员的参与。此外，向 PSM 转变的沟通应尽早地开始，尽可能公开和全面，从而获得并保持员工和承包商的承诺。

虽然现场的沟通方式各有不同，但运行装置的良好 PSM 体系通常会涉及沟通活动，例如现场全员的季度报告会(通过全体会议、视频演示等)，介绍内容包括最近的过程安全事故、KPI 和目前正在进行中的解决过程安全问题的项目情况。这些内容需要由最资深的人员来介绍，不要委托给 PSM 经理或 HSE 经理。

(4) **实施变革的时间点和维持变革所需的时间**

所有的变革都涉及时间要素。实施变革要花费多长时间？变革是永久的，还是临时的？为了清楚实施变革的时间，需要了解组织当前的状况，想要达到的目标及何时达到，实现目标需要采取的措施。然后，制定计划来实现期望的目标，包括可实现和可衡量的阶段目标和时间节点。

3.2.2 变革管理方法实例

变革管理方法的一个实例是 John P. Kotter 的《引导变革八步法》(参考文献 3.4)：

(1) 建立紧迫感，帮助他人认识到变革的必要性和立即采取行动的重要性。

(2) 组建强有力的领导小组，团结一致，领导变革工作。

(3) 设计变革愿景，用以帮助引导变革行动，并制定愿景的实现策略。

(4) 沟通新愿景，来达成共识，确保尽可能多的人理解并接受愿景和实现策略。

(5) 强化落实基础广泛的措施，消除变革的障碍，改变严重破坏愿景的体系和结构，鼓励冒险的和非传统的想法、活动和举措。

（6）策划并实现容易获取的成就，并表扬和奖励参与的员工，来赢得当前的短期胜利。

（7）通过持续增加可信度来继续改变不符合愿景的体系、结构和政策，同时聘用、晋升并培养能实现愿景的员工，最终利用新项目、新主题和变革者来完成变革。

（8）通过阐明人员的行动与组织的成功之间的联系，制定能确保领导力产生并发挥作用的方法，把变革融入文化中。

需要注意的是，以上是变革管理的一个举例。在网上很容易搜到许多有关变革管理和变革文化的书籍和文章。

3.3 参考文献

3.1 Center for Chemical Process Safety of the American Institute of Chemical Engineers, *Guidelines for Implementing Process Safety Management Systems*, John Wiley & Sons, Inc., Hoboken, New Jersey, 1994.

3.2 Center for Chemical Process Safety of the American Institute of Chemical Engineers, *Guidelines for Risk Based Process Safety*, John Wiley & Sons, Inc., Hoboken, New Jersey, 2007.

3.3 Center for Chemical Process Safety of the American Institute of Chemical Engineers, *Process Safety Beacon*, New York, New York, www.aiche.org/ccps/resources/procevSS-safetv-beacon.

3.4 Kotter, John P., *Leading Change*, Harvard Business Review Press, Boston, Massachusetts, 2012.

3.5 Krause, Thomas R, *Leading with Safety*, John Wiley & Sons, Inc., Hoboken, New Jersey, 2005.

3.6 Hyatt, Michael, "How Do You Change Organizational Culture?", February 22, 2012, www.michaelhyatt.com.

3.7 Jones, John, DeAnne Aguirre, and Matthew Calderone, "10 Principles of Change Management," April 15, 2014, www.strategy-business.com.

3.8 Organisation for Economic Co-operation and Development, *Corporate Governance for Process Safety: Guidance for senior Leaders in High Hazard Industries*, OECD Environment, Health and Safety, Chemical Accidents Programme, Danvers, Massachusetts, June 2012, www.oecd.org//chemical safety/corporate governance for process safety.htm.

3.9 Sirkin, Haroldr L., Perry Keenan, and Alan Jackson, "the Hard Side of Change Managements," *Harvard Business review*, Boston, Massachusetts, October 2005, www.hbr.org/2005/10/the-hard-side-of-change-management#.

4 实施新的 PSM 体系

实施新的 PSM 体系包括以下步骤：

(1) 编制 PSM 体系的设计说明(通过审查现有的框架来决定首选的设计方向)。这包括对即将实施的 PSM 体系和现有程序或规程间的差距评估。

(2) 创建要素及体系工作流程(根据情况)。

(3) 评估新要素及体系实施所需的工作量和资源。

(4) 制定要素及体系的书面程序和规程。

(5) 新要素和体系在整个公司实施之前，先在一个地方进行试点。

(6) 监控要素或体系的实施和初期绩效，并对其进行调整以适用于试点单位。一旦 PSM 体系在整个公司实施，每半年跟踪一次进展，并向管理人员汇报结果。

4.1 编制 PSM 体系设计说明

实施任何新管理体系的第一步应是编制体系的设计说明。在管理体系的设计阶段这一步经常被忽略，但它与在化工过程设计中的地位一样重要。这一步应考虑：①对 PSM 体系重要的设计参数；②体系应该如何与现有产品和资本执行过程进行衔接；③期望的要素/体系的设计特点。

4.1.1 选择 PSM 体系结构

PSM 体系设计应考虑：

- 要使用的框架(或模型)，包括所有相关的 PSM 要素；
- 各要素的基础和起点(例如，是否有现有的体系可供参考？或这是不是全新的要素？)；
- 各要素设计的详细程度。

4.1.1.1 选择 PSM 框架

首先，需要决定使用哪种框架(或模型)，因为框架确定了程序的要素和组成部分。必须先建立框架，然后才能评估已有的内容并为填补缺口做计划。在过去的 20 多年里，对于 PSM 体系需包含的要素有多种描述，应该考虑从中选择一种(或根据这些重新定义一种新的描述)。在已有的描述中进行选择时，要考虑几个因素：

• **公司现有的框架**：如果公司已有的PSM框架被证实有效，那么保留它是有利的，因为公司现有的体系易于理解和接受。在选择新框架之前，需要将你的PSM框架内容和可选模型相比较，以确保你的体系是完整的。必要时，可修改现有的PSM框架，增加额外的要素(更多信息，请参看本书第5章)。

注：以CCPS RBPS的框架为例，框架比较的一个简单方法是，首先列出RBPS组成部分的清单，然后对照RBPS的每个组成部分，列出你的框架中相应的组成部分。

• **满足行业的要求**：如果公司致力于某个行业举措，例如API推荐惯例(RP)750或ACC责任关怀计划，那就要确保PSM框架与行业要求一致。

• **部门/运营单位之间的灵活性**：如果公司内不同的部门或运营单位涉及不同类型的产品，则会希望所选用的框架对不同的运营单位具有普遍适用性。

• **管理体系设计**：所使用的框架应有助于定义管理体系，以便能更好地确保体系的完整性。换句话说，框架不仅仅是关注领域(如变更管理)的清单，而且能指导管理体系为各要素解决具体问题。

• **同行公司的进展**：你可能想要关注同行和行业领导者正在做什么。对标评估可用来发掘其他公司在某些方面的领先做法。在PSM实施阶段，你希望能从其他公司收集一些信息，这也有助于了解别人已做的工作，也能更好地回应公司内部认为PSM工作已消耗或将会消耗过多精力的质疑。

注：许多公司愿意与其他公司分享他们有关PSM程序的信息。CCPS和行业协会为实现这种交流提供了良好的媒介。参加过程安全会议(例如，过程安全全球年度会议)是结识与你们一样对PSM感兴趣的人员的良好途径。

• **符合性**：在许多国家，PSM的一些方面受法规约束，这需要在框架中体现。如果不符合法规，可能会影响工作的优先性。

考虑到上述这些因素，就可以评估所选择的PSM模型。下面简要回顾一些主要的可选模型。以下介绍CCPS PSM模型和其他模型。

(1) *CCPS PSM模型*

《化工过程安全管理——承诺挑战》(参考文献4.1)提出了PSM管理体系的首个CCPS模型，后来在《化工过程安全技术管理指南》(参考文献4.2)中进行了解释。此模型按12个要素和68个组成部分对PSM管理体系进行了描述。表4.1概述了这12个要素。此模型的设计适用于整个过程工业，同时也适用于过程安全之外的安全、健康和环保领域。

《基于风险的过程安全》(参考文献4.3)提出了CCPS的第二个PSM管理体系

模型，即 RBPS 模型。该模型旨在成为下一代过程安全管理的框架。

- 在原 CCPS 模型的基础上建立；
- 整合了多年来的行业经验教训；
- 运用计划-实施-检查-改进的管理系统原则；
- 在工艺或操作的全生命周期，以一种对所有企业(即使那些具有相对较低风险的企业)都有利的方式组织要素；
- 与公司管理体系的其他要素整合，以便其完全符合生产运营、SHE 控制、公共安全及相关的技术和业务领域；
- 为过程安全创建基于绩效的新目标。

RBPS 模型包括 20 个 RBPS 要素，根据表 4.2 列出的事故预防四大支柱进行分类。这 20 个要素在初期 CCPS 模型中 PSM 要素的基础上进行了扩充，反映了多年的 PSM 实施经验、各行业的最佳惯例和全球法规要求。这 20 个要素在《基于风险的过程安全》中的章节内容包括：①要素概述；②关键原则和基本特点；③工作活动；④绩效和效率提升实例；⑤评估指标；⑥管理审查主题。

RBPS 方法认为所有危害和风险不能等同对待，因此，要把更多的资源集中在较高危害和风险上。RBPS 方法主要强调每个活动只需投入满足其需求的精力即可。还强调：①过程安全改进工作要以 RBPS 标准为基础；②衡量绩效和效率，以便企业对于大量的过程安全需求可按优先级使用有限的资源；③基于适当风险等级，实施事故预防的四大支柱(即对过程安全的承诺，理解危害和风险，管理风险和学习经验教训)。

本书的 5.3 节讨论了 RBPS 模型的“新”要素以及实施每个要素的一般方法和具体步骤。

表 4.1 为 1995 年 CCPS PSM 体系要素，表 4.2 为 CCPS《基于风险的过程安全》要素。

在描述管理体系的构成和 PSM 体系的规划、组织、实施和控制方面，CCPS 模型是独一无二的。

表 4.1　1995 年 CCPS PSM 体系要素

• 问责制：目的和目标	• 人为因素
• 过程知识和文件	• 培训和绩效
• 资本项目审查和设计程序(用于新设施或现有设施、扩建和收购)	• 事件调查
• 过程风险管理	• 标准、规范和法律
• 变更管理	• 审核和整改措施
• 工艺设备完整性	• 过程安全知识提升

表 4.2　CCPS《基于风险的过程安全》要素

对过程安全的承诺	**理解危害和风险**
• 过程安全文化	• 运行准备
• 标准符合性	• 操作守则
• 过程安全能力	• 应急管理
• 人员参与	• 危害识别及风险分析
• 与风险承担者沟通	**管理风险**
理解危害和风险	• 操作程序
• 过程知识管理	• 安全工作惯例
• 资产完整性和可靠性	**学习经验教训**
• 承包商管理	• 事件调查
• 培训和绩效保证	• 评估指标审核
• 变更管理	• 管理审查和持续改进

（2）*其他模型*

自 1988 年以来，关于 PSM 体系公开过多种描述，其中包括由 ACC、API、OSHA、EPA 和欧盟(EU)发布的框架。表 4.4～表 4.8 列出了这些体系的组成部分，附录 I 提供了获取这些内容副本的途径。

英国能源研究所最近也制定了《过程安全管理的高级框架》(参考文献 4.4)。此框架由能源研究所组织制定，其他参与人员主要是陆上和海上石油、天然气和电力行业的过程安全专业人员。这样做的目的是获取参与者实施其他 PSM 体系的做法和经验(包括现有管理体系的 RBPS 部分)，并将其纳入框架中。

上述所有方法殊途同归。表 4.3 是对这些不同框架的要素进行的对比情况。本书的附录 I 也提供了其他 PSM 体系模型的信息，在本节未详细描述。

表 4.3　不同 PSM 框架概述

CCPS RBPS 要素(2007)	CCPS PSM 体系要素(1995)	ACC 过程安全规范要素	API PSM 要素	OSHA PSM 要素	EPA 风险管理计划要素	EI PSM 高级框架要素
对过程安全的承诺						过程安全领导力
		综合的过程安全管理体系				
过程安全文化	责任目标	领导力和文化			管理	领导、承诺和责任
标准符合性	标准、规范和法律	问责制				辨识并符合法规和行业标准 标准和惯例

续表

CCPS RBPS 要素(2007)	CCPS PSM 体系要素(1995)	ACC 过程安全规范要素	API PSM 要素	OSHA PSM 要素	EPA 风险管理计划要素	EI PSM 高级框架要素
过程安全能力	过程安全知识提升	知识、专长和培训	培训	培训	培训	员工的选择、任用、竞争力和健康保证
员工参与				员工参与	员工参与	员工参与
与风险承担者沟通						与风险承担者沟通
理解危害和风险						风险识别和评估
过程知识管理	过程知识和文件	信息共享	过程安全信息	过程安全信息	过程安全信息	文件、知识和档案管理
资产完整性和可靠性	工艺和设备完整性		质量保证和关键设备完整性	机械完整性	机械完整性	检查和维护 关键安全设备管理
承包商管理				承包商	承包商	承包商和供应商的选择和管理
培训和绩效保证	培训和绩效					
变更管理	变更管理		变更管理	变更管理	变更管理	变更管理和项目管理
运行准备			开车前安全审查	开车前安全审查	开车前安全审查	运行就绪和开车
操作守则			安全工作惯例	操作程序	操作程序	工艺和操作状态
应急管理			应急响应和控制	应急预案和响应	应急预案和响应	应急准备
危害识别及风险分析	资本性项目审查和设计规程(针对新设施、现有设施、扩建和收购)	理解过程安全风险并设定优先级	过程风险分析	过程风险分析	过程风险分析 风险管理计划	危害识别及风险评估
管理风险						风险管理

续表

CCPS RBPS 要素(2007)	CCPS PSM 体系要素(1995)	ACC 过程安全规范要素	API PSM 要素	OSHA PSM 要素	EPA 风险管理计划要素	EI PSM 高级框架要素
操作程序	人为因素		操作程序			操作程序和手册
						操作界面管理
安全工作惯例				动火作业许可的安全工作惯例	动火作业许可的安全工作惯例	作业控制、作业许可和任务管理
学习经验教训						审查和改进
事件调查	事件调查		过程相关事件调查	事件调查	事件调查	事件调查
评估指标						
审核	审核和整改措施		过程风险管理体系审核	合规性审核	合规性审核	审核、保证、管理审查和介入
管理审查和持续改进	过程风险管理	绩效监督和改进				
其他						
				商业机密		

表 4.4　美国化学理事会的过程安全规范要素

1. **领导力和文化**：高层领导承诺创建并重视过程安全文化。每个公司的领导对监督和改进过程安全绩效，都要展示出可见的且持续的承诺。

2. **责任制**：在公司建立过程安全责任制度。过程安全是业务流程和利益相关方期望中不可或缺的一部分。

3. **知识、专长和培训**：为企业及其员工提供必要的知识、专长、工具和培训，以管理其操作中的过程风险。

4. **理解过程安全风险并设定优先级**：系统地理解整个组织的过程安全风险、设定优先级并分配资源。

5. **综合的过程安全管理体系**：开发综合的过程安全管理体系并编制相关文件，以管理过程风险并推动持续改进。

6. **信息共享**：在企业内积极分享相关过程安全知识和经验教训的系统，包括向利益相关方提供信息的方法。

7. **绩效监督和改进**：监督、汇报、审查并改进过程安全绩效的系统。

表 4.5　美国石油学会的过程安全管理要素

• 过程安全信息 • 过程风险分析 • 变更管理 • 操作程序 • 安全工作惯例 • 培训	• 质量保证和关键设备完整性 • 开车前安全审查 • 应急响应和控制 • 过程相关事件调查 • 过程风险管理体系审核

表 4.6　美国职业安全与健康管理局(OSHA)的过程安全要素

• 员工参与 • 过程安全信息 • 过程风险分析 • 操作程序 • 培训 • 承包商 • 开车前安全审查	• 机械完整性 • 动火作业许可 • 变更管理 • 事件调查 • 应急预案和响应 • 合规性审核 • 商业机密

表 4.7　美国环保署(EPA)的风险管理计划要素

• 管理 • 危害评估 • 预防程序(程序 3) ○ 过程安全信息 ○ 过程风险分析 ○ 操作程序 ○ 培训 ○ 机械完整性 ○ 变更管理	• 预防程序(程序 3) ○ 开车前审查 ○ 合规性审核 ○ 事件调查 ○ 员工参与 ○ 动火作业许可 ○ 承包商 • 应急响应程序 • 风险管理计划

表 4.8　欧盟塞维索指令关于重大事故预防的安全管理要素

(ⅰ) 组织机构和人员 (ⅱ) 重大危害识别和评估 (ⅲ) 操作控制 (ⅳ) 变更管理	(ⅴ) 应急预案 (ⅵ) 绩效监督 (ⅶ) 审核与审查

通过比较发现这些模型非常相似。虽然术语和强调的重点有所不同，但 PSM 的基本理念是一致的。例如：

• 管理实践中，ACC 的过程安全规范面向化工行业，并将 PSM 程序的要素作为其责任关怀®计划的一部分来描述。

- API 的 RP 750 描述的 PSM 要素适用于石油天然气行业的生产运营。
- EPA 的 RMP 规则 40 CFR 第 68 部分和 OSHA 的 PSM 规定 29 CFR 1910.119 提供了过程安全管理的规章制度。这些规章制度适用于处理超出临界量的化学品设施。

注：尽管 EPA 的预防体系要素与 OSHA PSM 要素几乎一样，但 EPA RMP 规则的有些规定（尤其是危害评估和风险管理计划）超出了 OSHA 要求。

注：自 20 世纪 90 年代初期至中期以来，OSHA 和 EPA 模型（和要求）没有发生重大变化。但因 2013 年 8 月发布的第 13650 号令，两家机构都在 2014 年发布了信息请求，需要对各自的规定进行增添和修改。因此美国的读者应该了解 29 CFR 1910.119 和 CFR Part 68 这些可能的变化（有关最新的信息和更新，请参看 www.osha.gov 和 www.epa.gov）。

4.1.1.2　各要素的基础和起点

PSM 各要素的基础和起点从根本上取决于现有的体系、功能或活动是否为某些设计特征提供基础，或取决于是否为全新的元素。当现有的体系或其中一部分经证实有效时，使用现有的体系有助于新的 PSM 体系实施。在确定以下情况时，都应对现有的体系（或其缺少的部分）清楚地识别并将其作为重要的考虑内容：(1) PSM 各要素所需的严格程度；(2) 建立目标体系需要做的工作；(3) 支持各要素实施应计划开展的活动。

4.1.1.3　各要素所需的详细程度

各 PSM 要素的设计说明也取决于各要素所需的详细程度。正如《基于风险的过程安全》中指出的，有效的过程安全提升的详细程度取决于：(1) 与设施或操作相关的危害和风险等级；(2) 工作活动的需求程度；(3) 所需的资源；(4) 宣贯的安全文化。

因此，在 4.1.3 节列出了所有可能的工作活动，并且《基于风险的过程安全》中的大量示例为每个活动提供了几个“等级”。等级的选择应考虑上述的注意事项以及现有的体系（或其缺少的部分）。

4.1.2　明确与现有新产品和资本项目执行过程的关系

在深入参与一个新的 PSM 体系的设计之前，重要的是确定与现有的新产品和资本项目执行过程的关系是什么，以及它们在新体系中应该是什么样子。因为这些联系在某种程度上由正常指令链之外的团队管理，所以有时它们会被忽略或忽视，因此在 PSM 体系中留下空白。

4.1.2.1　新产品

新产品与 PSM 体系的关系一般由两方面的因素引起：

(1) 现有生产过程涉及的新混合物或新配方。这在批量生产、混合生产和涉及用共聚物单体生产聚合物的情况中尤其常见。

(2) 全新产品，通常需要新设备或设备的新配置来生产。

不论哪种情况，都有很多与 PSM 体系的潜在关联需要审查。有几个重要的问题，如下所述：

• 是否已经获得充分的 PSI(例如所涉及新化学品的危害、化学反应性风险、安全上下限的影响)并进行评估？

注：在处理新产品和混合物中的新成分时，了解潜在的反应风险尤为重要。有关更多信息，请参看 CCPS 编写的《管理化学反应性风险的重要实践》(参考 4.5)。

• PHA 是否需要？如果需要，则是否已执行并解决了产生的问题？这显然是新产品的必要条件，但对于新混合物或新配方的 PHA 执行标准是什么？

• 是否需要新的操作程序或新的操作限制(及培训)？

• 新产品如何与变更管理(MOC)系统相整合？MOC 对于新产品是必要条件，但对于新混合物或新配方的 MOC 执行标准是什么？

• 新化学品、中间产物或产物是否会影响过程的机械完整性？是否已实施 MOC 并对结果进行了评估？是否解决了产生的问题？

4.1.2.2　资本项目

基于 PSM 视角，资本项目实质上是“大”变化。这些项目不得被排除在 MOC 评估之外，并且相关的过程知识必须被获取和保存。但是，用于管理大部分日常变化的 MOC 系统可能过于烦琐而且难以应用于资本项目。

另外，这样的项目会导致组织机构的变化，如果管理不当，可能对 PSM 体系产生很大的影响。因此，在任何新 PSM 体系的设计阶段，都应该考虑如何将 MOC 的原则以高效的方式应用于资本项目，尤其是大型项目。为实现这些目标需要考虑的活动，请参阅《基于风险的过程安全》的第 8 章和第 15 章及 CCPS 编写的《过程安全变更管理指南》。

4.1.3　定义要素/体系的设计特征

考虑到前面所讨论的因素，应定义整个体系和每个 PSM 要素的设计特征。《基于风险的过程安全》为每个 RBPS 要素提供了关键原则、基本特征以及可能的工作活动的信息。以下是两个 RBPS 要素工作活动的示例(过程知识管理和操作程序)。

注：各要素的活动反映了日益严格的 PSM 体系设计。

(1) **过程知识管理**(关于完整的活动清单，请参看《基于风险的过程安全》相关内容)。

① *定义范围*

2. 明文规定的政策应说明知识要素的范围，包括设施的每个单元应创建或编制的各类信息和文件。

a. 临时编制和维护过程知识。

b. 明文规定描述设施的特定区域所需的过程知识。

c. 明文规定清楚地描述各单元或过程区域所需的过程知识。

d. 明文规定清楚地描述各单元或过程区域所需的过程知识以及关于如何编制和存储信息的标准。

e. 除了(d)项以外，明文规定的政策还应包括检查清单或表格，标明常用设备所需的信息类型。这些表格应基于风险进行编制，例如，用于向高压处理设备供应碳氢化合物的压缩机要求，比用于供应公用空气的压缩机要严格得多。

② *完整记录化学品反应和不相容性危害*

5. 在管理知识要素的明文规定中纳入化学反应性风险记录的具体标准。

a. 化学反应性风险文件通常仅限于SDS(安全数据表)。

b. 明文规定要求各单元维护该单元所有化学品的SDSs，并使用特定的表格/矩阵记录数据，以总结该单元(包括公用设施、水、空气和任何常见的污染物)通常存在的化学品混合后的危害。

c. 明文规定清楚地描述必须要解决的危害，并为用户评估特殊危害提供工具。这些危害包括自发反应、潜在的不可控反应、震动敏感性、可能发生的自燃或尘云爆炸、具有特殊危害的替代化学反应以及与物理属性(如粒度)相关的其他危害。

d. 除(c)项外，明文规定还要求使用合适的实验室方法来评估化学反应性风险。

③ *防止易被疏忽的变更*

16. 指派具有相应知识和经验的专业人员来审查并批准过程知识的修改内容或变更。

a. 过程工程师或设计人员更新过程知识无需审查或批准。因为当某些过程知识(如P&IDs)在现场被验证时，一般认为现场条件是正确的。因此，根据现场的配置来更新过程知识，审查工作量最小。

b. 过程知识和现场设备间的差异一般会引起委派的过程工程师的注意，他会做出正确的判断并在此基础上做出合适的变更。

c. 过程知识和现场设备间的差异一般会引起一名或多名在受影响区域公认有专业知识的高级技术人员的注意，从而解决问题。

d. 过程知识和现场设备间的差异一般会引起一名或多名高级技术人员的注意，他们根据自身对设计者意图的理解来确定哪个是正确的。重大的差异需要作为长期未解决的未遂事件进行调查。

(2) **操作程序**(有关完整工作活动清单，请参看《基于风险的过程安全》相关内容)。

① *管理程序格式和内容*

3. 本项内容包含关于管理体系的程序要素列表或者所有操作程序的可接受格式或框架的明文规定或描述说明。

a. 有一般性的明文规定，但不同区域的程序有不同的格式。

b. 明文规定包括操作程序的模板示例。

c. 明文规定为各类操作程序制定可接受的格式。

4. 对内容提供指导，包括哪些内容不应该包含在操作程序中，以及相关文件应体现哪些信息(如培训或工艺技术手册)。

a. 明文规定提供一般性的内容指导。

b. 明文规定说明操作程序中应包含的内容。

c. 除(b)项外，明文规定还包括不同类型操作程序的实例。

② *描述安全操作限值及偏离限值的后果*

17. 为过程参数设置安全操作限值，因为这些参数会出现偏离限值的情况并导致不安全状态。此外，对于每个安全操作限值，应说明超出限值的潜在后果、避免偏离限值的步骤，以及发生偏离后如何使过程恢复至安全状态。常见三种情况如下：

a. 已建立相当狭窄的限制范围。在这些小范围内操作确保安全，并有助于确保实现产量和产品质量目标。但操作程序不会直接体现安全操作限值、偏差后果以及预防或减缓超限后果采取的步骤。

b. 可在操作程序中找到或推断出安全操作限值，但方式并不总是清晰明了。

c. 操作程序中清楚地描述了安全操作限值、超出限值后的潜在后果和为预防或减缓超限后果操作工应采取的措施步骤。这些限值会在程序的特定章节介绍，或非常容易找到，因为它们在所有程序中都有介绍。

③ *程序增补检查表*

20. 只要操作顺序非常重要，或在进行下一阶段操作前必须完成特定的步骤，那么程序中就要纳入检查表。常见三种情况如下：

a. 制定了许多检查表，但通常没有程序补充。

b. 程序和检查表在并行的系统中开发，并将它们的交叉检查作为定期审查的一部分。

c. 程序和检查表共同开发，用户可以根据需要分别或同时访问检查表和程序。

另外，《基于风险的过程安全》和CCPS编写的关于个别PSM或RBPS要素的书籍提供了丰富的表单和工具，这些内容也许有必要包含在PSM体系中，如表4.9(《基于风险的过程安全》中的图9.3)和表4.10(《基于风险的过程安全》中的表10.1)所示。

表4.9　风险矩阵举例

风险	附近区域的严重危险	界区内严重危险	场内严重危险	场外严重危险
一年超过一次	风险超出尽可能合理降低原则时采取行动	尽早要求行动	立即采取行动	立即采取行动
几年一次	风险超出尽可能合理降低原则时采取行动	风险超出尽可能合理降低原则时采取行动	尽早要求行动	立即采取行动
设施生命周期内一次	无需行动	风险超出尽可能合理降低原则时采取行动	风险超出尽可能合理降低原则时采取行动	尽早要求行动
在设施生命周期内预测不会出现	无需行动	无需行动	风险超出尽可能合理降低原则时采取行动	风险超出尽可能合理降低原则时采取行动

同样，CCPS编写的关于个别PSM或RBPS要素(例如：PHA、MI、MOC、事件调查等)的书籍包含类似的信息，这些信息可直接使用或调整后使用来适应现场或公司的需求。访问www.aiche.org/ccps/resources/publications，还能浏览可用的书籍或利用特定主题词或要素进行搜索。相关人员应使用上述所有信息和其他类似资源来确定现场或公司PSM要素/体系设计特征。

4.2 创建要素及体系工作流程

对于许多 PSM 要素来说，要素的工作活动实施步骤与实施工作组之间的相互影响是十分复杂的。因此，制定这些要素的工作流程是非常有益的，可确保：(1)没有步骤被忽略或考虑不足；(2)所有利益相关方和工作组都参与活动；(3)高效地执行活动；(4)初步实施新的 PSM 要素时将重大问题发生的可能性降到最低。

表 4.10　程序格式

类　型	描　　述
叙述式	采用长段的叙述来详细描述如何执行任务，段落可能不编号。叙述格式广泛应用，但内容混乱且难以操作，所以应避免使用该格式
段落式	每段话简短且有编号，通常兼有命令和被动描述。段落格式广泛应用，优于叙述格式，但文字冗长，一般没有大纲格式实用
大纲式	使用缩进、不同级别编号和信息的逻辑分组来进行表述的短语、句子和短段落。通常用于连续或间歇操作
剧本式	根据执行者的情况或任务的逻辑性来组织各步骤。常用于协调两名操作工之间或操作单元之间的活动，尤其用于步骤顺序很重要的情况
两栏式	两栏式中左栏为基本行动项，右栏为详细描述、注释等。虽然两栏式会使程序变长，但能降低行动步骤中的“杂音”，有助于突出特殊的细节。尤其适用于以混乱和潜在混淆最低化的方式将分步骤的程序与工作安全分析相结合
多栏式	有多栏信息的表格格式。常用于故障诊断指南或将其他文件/程度联系在一起的示意图
流程图式	一种图形格式，由框、菱形和箭头组成，包含有简单的执行和条件语句。常用于故障诊断指南或交易程序，尤其是展示决策步骤(已证明此格式用在核设施的应急响应中较佳)
检查表式	仅提供基本操作的简要步骤描述，通常留有用于核对或签名的空格。常用于简单重复的操作，例如危险物品卸载。如果步骤对安全操作至关重要，例如大修前停车之类的非常规性任务和大修后重新开车，或者期望获得满意的操作记录(例如完整的检查表)，则此格式特别有帮助

另外，PSM 要素(及其工作流程)和其他业务系统之间存在许多相互影响的情况。例如，PSI 是许多其他要素的基础或起点(例如 PHA、操作程序、MOC 和 MI)。在这些情况下，制定系统流程图或显示出要素流程图间的关联，将有助于确保它们彼此间的整合和互补。

4.2.1 工作流程图的制定

维基百科这样定义工作流程："一个工作流程由一系列首尾相连的步骤组成，其中每一步骤没有延迟或间歇，结束后紧跟着下一步骤的开始。它可以描述为一系列的操作，也可表述为一个人、一个团队、一个组织机构的工作活动，还能定义为一个或多个的简单或复杂的机制。工作流程可被看作真实工作的抽象形式。就控制目的而言，工作流程在某方面是实际工作的写照，因此看作是实际工作的虚拟表现。所描述的流程可以指从一个步骤到另一个步骤的文件或产品。"正如前面讨论中所介绍的，制定良好工作流程图的关键是：

- **包括所有的利益相关方和工作团队**。首先，考虑：(1)哪些人应该参与或了解此项活动；(2)哪些人对此项活动或活动结果负责；(3)谁是这方面的专家。邀请以上各方面的代表人员协助制定工作流程。

- **确定所有应包含的步骤**。可从小组头脑风暴开始，也可事先准备要讨论的步骤，或展示以前的或"通用的"图表来进行回顾(参看 4.2.2 节)。

- **开发步骤之间的逻辑/期望流程**。接下来，小组应开发步骤之间的逻辑/期望流程，包括基于结果的以及基于与其他 PSM 要素(其他业务系统)前后关联的结果形成的"再循环回路"问题。快速考虑和解决工作流程中可能的变化时，将便利贴粘在墙上、黑板上或纸上的方法会很有用。

- **确定并理解与各步骤相关的输入/输出和目标**。在工作流程开发期间，识别可用于衡量体系绩效和体系状况(如实时监控，参看 4.4.8 节)的数据(如系统包括)也是一种良好的做法。

- **评判工作流程**。最后，在随后的会议中也许允许讨论并审查工作流程草稿，小组应对工作流程进行评判，从而：(1)确定潜在的问题或议题；(2)提出想法/建议，确保活动充分有效。

各步骤及其切换所需的资源/工具、切换点的潜在过渡或取消、推广培训 PSM 要素/体系中强调的步骤或切换(参看 4.5 节)，以及需要监督/控制的步骤(和可用于衡量体系绩效和体系状况的数据，参看 4.4.8 节)都应该考虑。

可按上述讨论的方法制定工作流程图或使用其他技术，尤其在装置或企业内有人员熟悉其他技术使用的情况。这些技术可包括：

- 使用"程序化"的 HAZOP 方法来分析工作流程步骤(参看 CCPS 编写的《危害评估程序指南》)。

- 使用业务/过程改进系统中的相关技术(例如六西格玛、TQM、精准系统或业务流程重组)来分析并改进工作流程。

最后，如果计划使用具有内置工作流程(常用于 MOC、事件调查和整改措施跟踪软件)的软件来管理 PSM 要素活动实施，那么应该：(1)获取现有的软件工作流程图；(2)按上述讨论的方式对其进行评判；(3)进行变更(如果可能的话)，从而解决评判出的问题和/或改进。最终的软件工作流程图应作为新 PSM 要素的书面计划程序的一部分进行发布，需要时还应提供培训和验证。

4.2.2 工作流程图举例

工作流程图示例见图 4.1～图 4.5。图 4.1 是简化的 MOC 高级工作流程图(《过程安全变更管理指南》[参考文献 4.6]中的图 D.1)。图 4.2 是详细的事件调查工作流程图(《基于风险的过程安全》[参考文献 4.3]中的图 19.1)。后面是详细的 MOC 工作流程图(图 4.3)、PHA 工作流程图(图 4.4)和合规性审核工作流程图(图 4.5)。

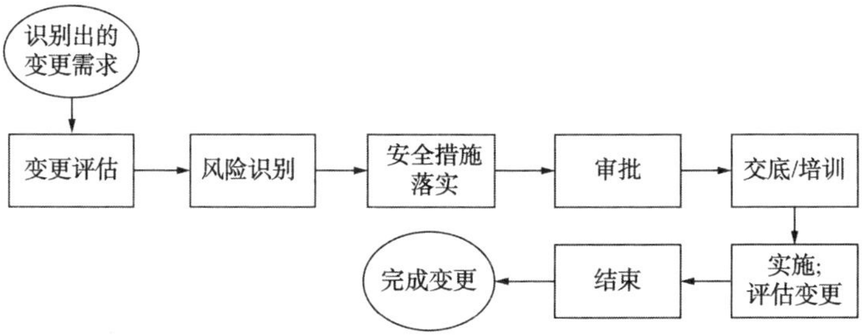

图 4.1 简化的 MOC 工作流程

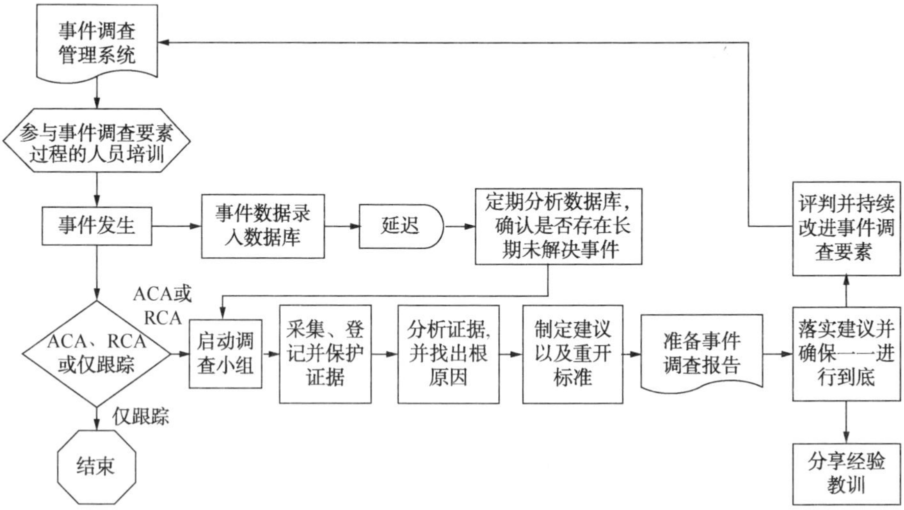

图 4.2 事件调查工作流程

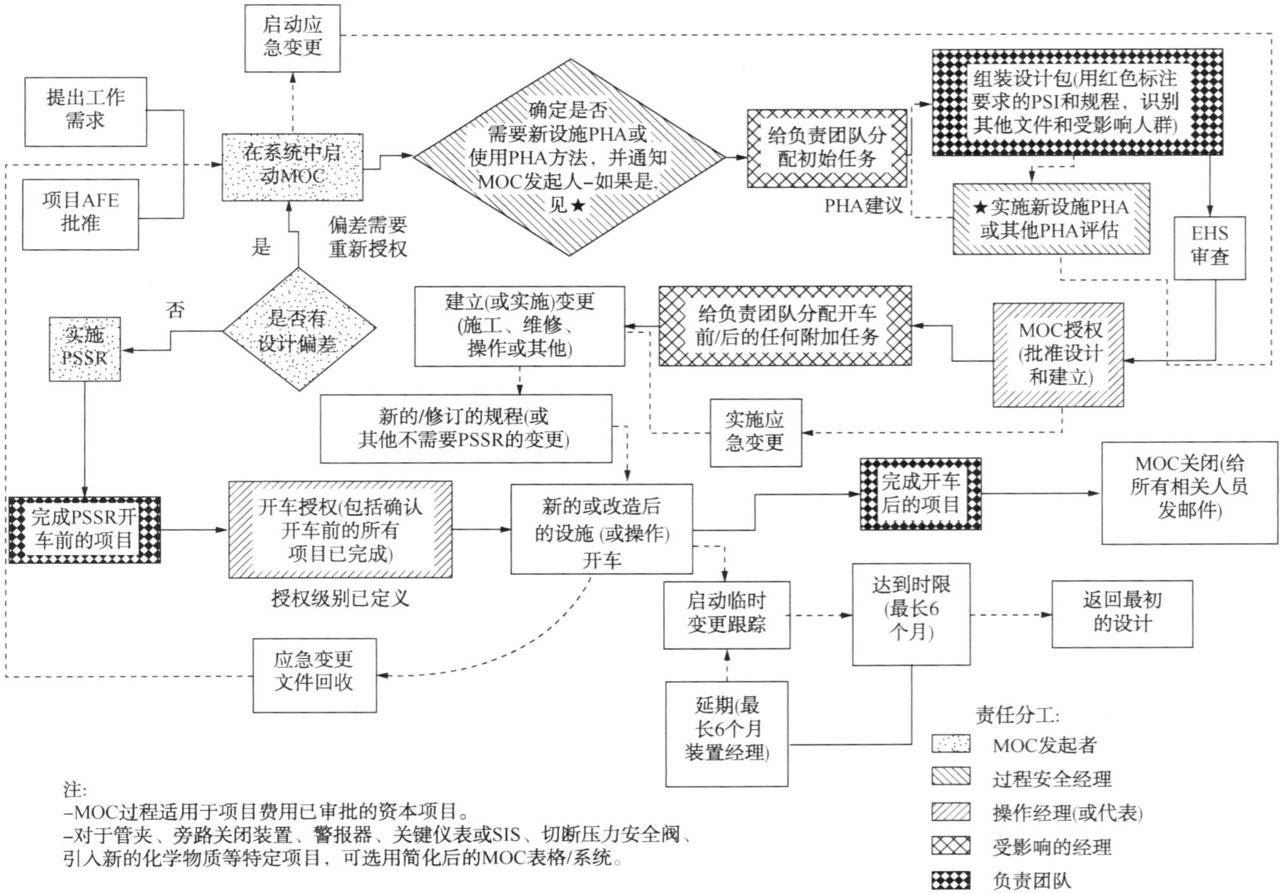

注:
–MOC过程适用于项目费用已审批的资本项目。
–对于管夹、旁路关闭装置、警报器、关键仪表或SIS、切断压力安全阀、引入新的化学物质等特定项目，可选用简化后的MOC表格/系统。

图4.3　MOC详细工作流程

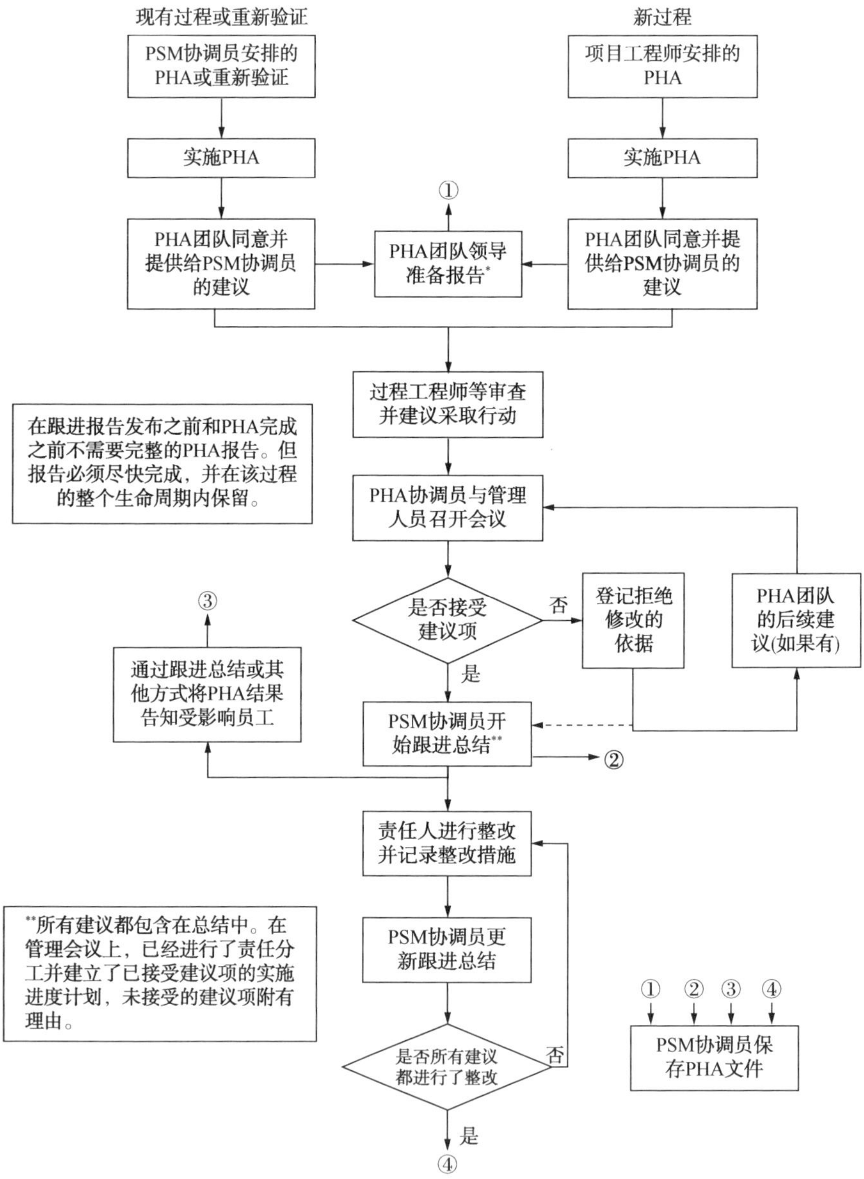
现有过程或重新验证
新过程
PSM协调员安排的PHA或重新验证
项目工程师安排的PHA
实施PHA
实施PHA
①
PHA团队同意并提供给PSM协调员的建议
PHA团队领导准备报告*
PHA团队同意并提供给PSM协调员的建议
过程工程师等审查并建议采取行动
在跟进报告发布之前和PHA完成之前不需要完整的PHA报告。但报告必须尽快完成，并在该过程的整个生命周期内保留。
PHA协调员与管理人员召开会议
③
是否接受建议项
否
登记拒绝修改的依据
PHA团队的后续建议(如果有)
是
通过跟进总结或其他方式将PHA结果告知受影响员工
PSM协调员开始跟进总结**
②
责任人进行整改并记录整改措施
**所有建议都包含在总结中。在管理会议上，已经进行了责任分工并建立了已接受建议项的实施进度计划，未接受的建议项附有理由。
PSM协调员更新跟进总结
① ② ③ ④
PSM协调员保存PHA文件
是否所有建议都进行了整改
否
是
④

图 4.4　PHA 工作流程

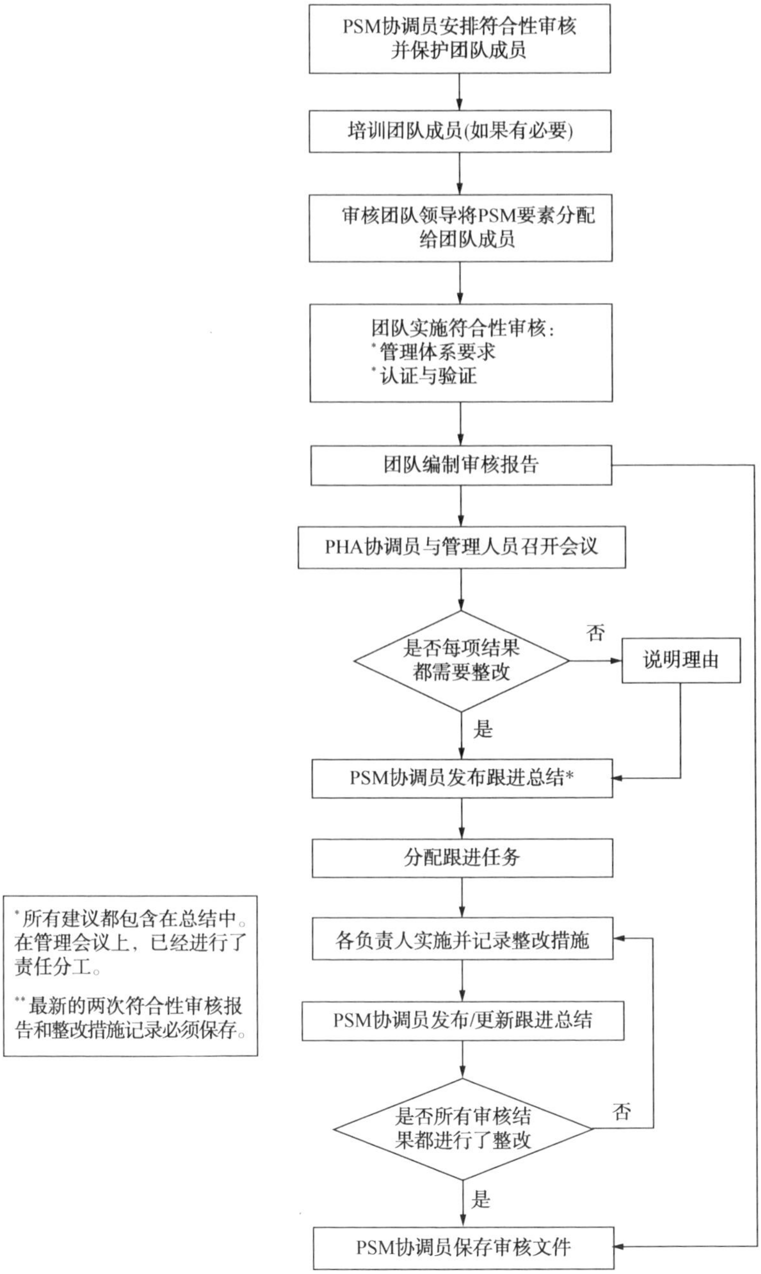

图 4.5　合规性审核工作流程

4.3 评估工作量和资源

新 PSM 体系实施的下一步是估算要素和体系的工作量和资源，这对新体系取得成功很重要。因为如果没有充分了解新要素和整个体系所需的工作量和资源，该项目注定要失败。因此，要素和体系的工作量和资源需要：(1)根据设计标准和工作流程估算；(2)与现有体系的工作量和使用的资源相比较；(3)与可供的资源比较；(4)如果预计可提供的资源不足，则事先进行调整。

4.3.1 定义 PSM 要素/体系的设计参数

根据已制定的设计说明(参看 4.1 节)和工作流程(参看 4.2 节)，可以建立各 PSM 要素和整个体系的设计参数。这些参数应包括：

- PSM 新体系实施所需的初始任务清单；
- 现有的和新的与 PSM 相关的活动清单，以及完成这些任务和活动所需的现有的和新的资源。

4.3.2 审查 PSM 活动和资源信息可能的来源

正如第 4.1 节的讨论，CCPS 编写的《基于风险的过程安全》和有关个别 RBPS/PSM 要素的书籍提供了大量的相关信息，包括：(1)各要素可能的 PSM 活动；(2)支持这些活动实施的工具。

PSM 小组(如第 3 章所描述成立的)应能够确定：(1)所需的初始(原来的)任务；(2)基于可持续性所需确立的现有的和新的 PSM 活动；(3)完成这些任务和活动所需的现有的和新的资源。必需的资源可能包括：(1)更多或不同类型的人员；(2)顾问/工程师；(3)差旅费用(请其他单位或顾问/工程师协助时的花费)；(4)需要制定、采购和/或支持的新程序、表格或软件。

4.3.3 PSM 工作量和资源估算

应逐个要素估算 PSM 新体系实施所需的工作量和资源。相比现有体系，一些要素的工作量或资源可能变化很少或没有变化。而对于其他要素，仅在初期实施时就可能需要更大的工作量或更多的资源，但并非一直这样。无论哪种情况，记录初期实施工作的预期影响或简单的大致预算可能就足够了。

但 PSM 新体系中也有一些要素需要相当多的工作量和资源。对于这些要素来说，值得花时间和精力来进行更加详细的估算。简单方法描述如下：

(1) 要素任务和相互联系

首先，要么使用根据第 4.2 节指导制定的工作流程，要么通过头脑风暴来描述所需的所有任务，如表 4.11 所示。你会注意到，当完成这一步时，在许多情况下任务是相互联系的。所以，一个任务的结束是下一个任务的起点。例如，确定 PHA 相关的培训需求取决于 PHA 程序的定义。这些相互关系和已确定的优先要素与装置，应有助于确定任务执行的先后顺序。

另一方面，必须考虑 PSM 要素的相互关系。例如，在 PSI 更新前不可能实施 PHA 程序。图 4.6 显示了几个 RBPS PSM 体系要素间的相互关系，并建议了实施任务的先后顺序。

表 4.11　工作分解结构举例：优先要素和任务

优先要素	任　务
危害识别及风险分析	• 确定过程信息需求 • 制定 PHA 流程 • 制定 PHA 程序 • 确定人员培训需求 • 开发后续跟踪程序
过程知识管理	• 确定所需的 P&ID • 建立管理系统，便于更新过程知识
培训	• 确定培训需求 • 定义培训管理系统 • 制定培训计划 • 试点测试培训 • 实施持续的培训程序

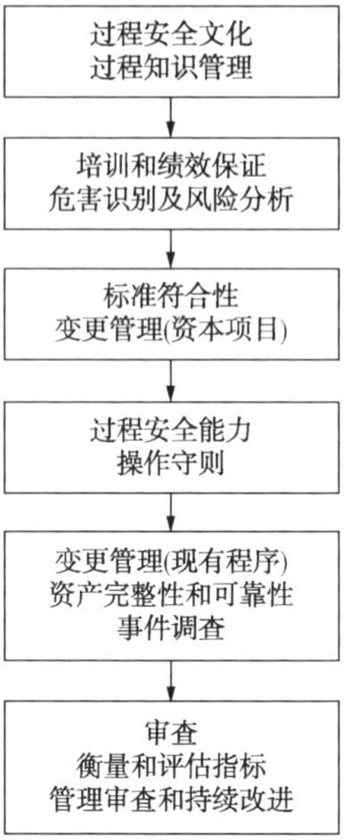

图 4.6　相关的 PSM 要素和实施顺序实例

一旦建立了任务清单和任务网，下一步就是为每个任务定义一个工作分解结构。工作分解结构显示完成每个任务所需的步骤或要素。然后将各要素分配给个人或小组进行完成。

(2) **人员配置**

确定了必要任务和工作产品并评定其风险等级之后，要考虑完成这些工作所需的技能以及可以从哪里找到具有相应技能的人员。一种方法是制定技能/任务矩阵，表示所确定的各项任务需要的技能类型，如表 4.12 所示。在每个 PSM 要素确定了技能类型后，就能理解整个项目的综合技能需求。

注：重要的是 PSM 管理体系中的各项职责对应人员的选择，尤其是领导改进实施工作的人员应具有合适的背景、经验和资质，足以履行其职责。但是此主题的全面讨论不在本书范围内。

注：与任务匹配的技能可赋予一个或两个 PSM 小组成员，而不需要整个团队的关注。在做这样的任务时，切记分配任务是资源估算的基础(参看此章下一节中的“资源计划制定”)。

表 4.12　矩阵举例：制定 PHA 程序所需的技能和任务

项　目	工艺过程	过程安全工程	操作	计算机系统分析	培训
确定过程信息需求	×	×	×	×	
制定 PHA 程序	×	×	×	×	
PHA 程序文件存档	×	×	×		×
确定培训要求		×	×		×
开发后续跟踪程序		×	×	×	

关于人员配置，希望思考关于各个任务的监督和职责分配问题。必须将确定的任务分派到人，确保责任明确(整个团队可能都想参与这些决定，因为责职的划分关乎所有成员的利益)。实际上你会发现某些相关的任务群组在逻辑上是联系在一起的，所以建议最好由同一个人来管理(例如，在表 4.13 中，制定 PHA 程序和 PHA 程序文件存档的任务是密切相关的，可以分派给同一个人管理)。同时，要对占用团队成员以及团队推举出的负责人的时间要求心中有数。

注：为在有限范围内实现工厂或公司的“愿景”，在制定 PSM 体系阶段考虑 PSM 实施方案也许是有用的。首先不受时间或资源的约束来确定需求，强调任务本身是计划的实质，这才是驱动资源分配决策的核心(例如表 4.14 所示)。这样能促使团队在考虑进度安排和资源需求时更具创造性，如以下部分所述。

表 4.13　制定 PHA 程序的任务分配举例

任　务	负责人
确定过程信息需求	项目经理
PHA 程序制定	过程安全工程师
PHA 程序文件归档	过程安全工程师
确定培训要求	培训专家

表 4.14　按要素和职能划分的 PSM 人员配置需求

PSM 要素	员工工时(周)				
	工艺过程	过程安全工程	操作	计算机系统分析	培训专家
过程安全文化	2	10	10	0	10
标准符合性	4	6	2	1	2
过程安全能力	6	6	4	0	2
员工参与	0	2	2	0	1
与风险承担者沟通	0	2	0	0	0
过程知识管理	24	8	8	20	2
资产完整性和可靠性	30	12	30	18	2
承包商管理	4	4	4	2	4
培训和绩效保证	4	4	4	4	30
变更管理	12	8	26	12	2
运行准备	4	4	12	2	2
操作守则	0	4	12	2	2
应急管理	1	4	4	1	2
危害识别及风险分析	10	18	4	4	6
操作程序	4	16	22	4	10
安全工作惯例	0	4	8	2	4
事件调查	4	12	6	0	2
衡量和评估指标	1	4	1	2	0
审核	1	34	4	2	4
管理审查和持续改进	0	4	2	1	0
合计	111	166	165	77	87

(3) **进度计划制定**

制定的任何进度计划应反映所确定的任务及完成任务的可用资源。另外，在某些情况下，实施方案进度取决于设定的进度节点。因此，进度计划和资源需求应是相互依存的。在两者确定之前，可能需要多次调整。

每一项任务及分解后的分项任务都应能简单地估计出其所需时间。如果 PSM 小组成员在给定任务上没有具体的经验，应寻求有经验人员(例如装置经理)的支持。一旦确定了各项任务的时间，就能确定出每个要素所需的总时间，将这些组合起来提供一个完整的实施方案。

除了每个任务和分项任务的具体截止日期外，也应考虑实施节点(即计划中的关键点，在这些节点上审查最新的进度并做出必需的调整)。例如，若按要素来看，应将每个 PSM 要素的完成作为一个节点。同样，若按设施的程序来看，则每个设施的程序应作为一个节点。

注：在设置进度计划和截止日期时，维持紧迫性的同时要实际可行。确保留有足够的时间开小组会来评估最新的进度。同时，记得咨询那些最直接受计划影响的人(例如，进度要求的人员的上级)，在进度计划中必须考虑他们现有的工作重点。

最终的进度计划应使用合适的形式呈现，例如线性时间表(如果实施 RBPS PSM 体系中的单个要素，则如图 4.7 所示；对于总体计划，则按图 4.8 所示)。计划中可能需要同时执行多个任务，这在图中能清晰表示。网站上与本指南相关的文件提供了更加详细的 PSM 实施“项目计划”实例。

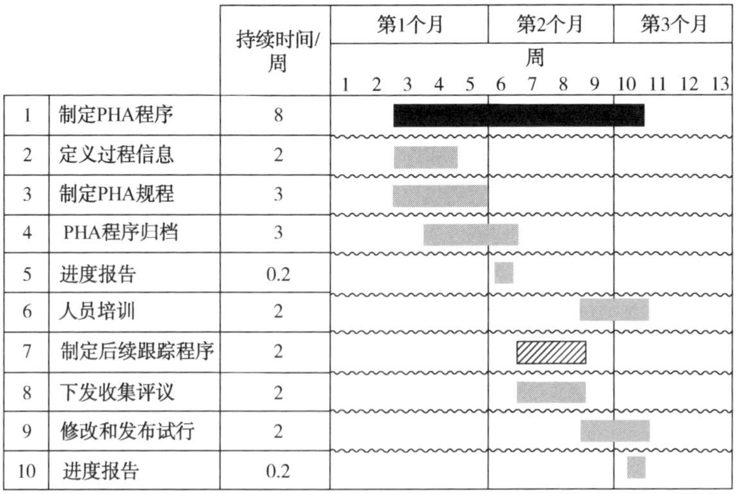

图 4.7　最终计划时间表——线性时间表

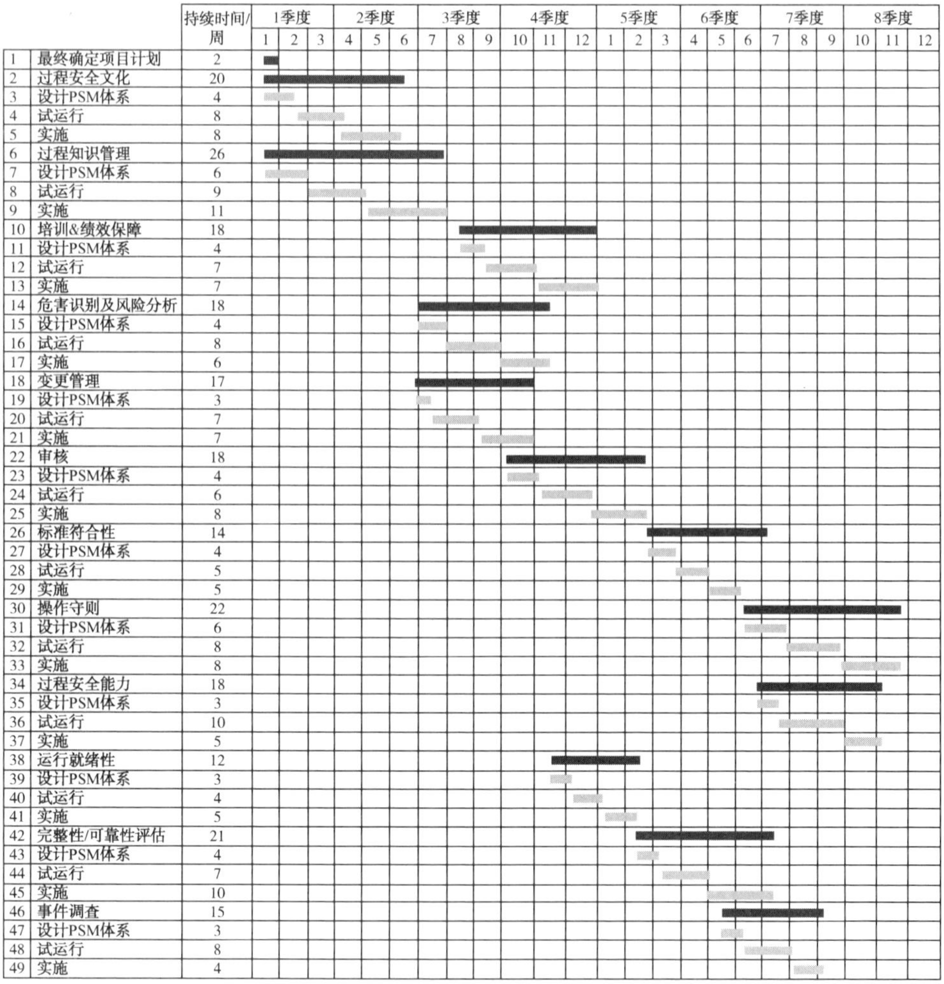

图 4.8 整个程序的最终计划时间表

（4）**资源计划制定**

所需的基础资源大多是十分明确的，人力成本肯定最大，支持费用和差旅也需要资金。另外，在目前的工作过程中可能已确定了一些特定的需求，例如用于危害分析或项目管理的计算机软件，或使用的咨询服务填补了知识库中的空白。

（5）**人力资源**

作为程序计划的一部分，能力矩阵为估算资源需求提供了依据。除每个任务确定所需要的能力外，还要估算工作分解结构各阶段所需的工作量（见表 4.15）。与制定进度计划一样，小组成员应积极参与讨论，因为他们可以反映不同领域的经验。尽可能详细地考虑这些要求，例如，考虑重新起草管道和仪表流程图(P&IDs)所需的员工工作日，或准备操作程序所需的时间。整个项目的需求可估算为所有任务的资源需求总和。

表 4.15 “制定 PHA 程序”的人员配置计划

项目	所需的员工日							
	确定过程信息需求	制定 PHA 程序	PHA 程序文件归档	确定培训需求	制定培训程序	根据评议进行修改	制定进度报告	合计
项目经理	3	8	2	2	8	8	4	35
过程安全工程师	3	8	8	2	2	3	0	26
PHA 领导	3	8	8	0	4	3	0	26
培训专家	3	8	0	8	4	8	0	31
合计	12	32	18	12	18	22	4	118

接下来，确定当前可用的具体资源，并尽量用工时进行量化。同时，一定要考虑任何可能适用的限制因素(例如，替换参与人员的限制或特定级别员工差旅的公司政策限制)。要求每个 PSM 小组成员参与此活动，因为每个人有不同的观点且接触不同的资源。

将资源清单与所需的人员配置估算相比较，如表 4.16 所示。有差距的地方即为小组需密切关注并确定如何解决的区域。小组应提出的一些问题包括：

- 是否存在可替换的资源？
- 完成这项任务是否有另外的途径？
- 日程调整是否能空余出必要的资源？
- 这项任务的优先级是否应重新思考？

表 4.16 理想的人员需求与实际的可用人员分析对比举例

	员工工时(周)							
	第 1 季度		第 2 季度		第 3 季度		第 4 季度	
	所需	可供	所需	可供	所需	可供	所需	可供
工艺工程师	24	20	24	26	16	26	15	20
过程安全工程师	16	26	23	26	24	26	24	39
操作人员	13	13	21	26	23	13	21	13
计算机分析员	12	9	12	10	7	9	6	9
培训专家	12	9	20	13	4	13	0	9

如果每种情况的答案为“否”，则小组必须考虑其他的选项及其费用。一些做法如下：

- 重新分配其他低优先性任务的资源；
- 额外招聘项目人员；
- 聘用顾问。

（6）**其他资源要求**

当审查每个任务时，也应考虑可能需要的其他资源(除了工时)。例如，事件/未遂事件上报的改进可能需要改善下属单位和总部之间的网络通信，或者可以购买一个特定的培训模块来解决已识别的差距。对于认为需要外部服务的区域，应咨询合格的顾问估算出所需资源。

另外，按所制定的进度安排开展工作时，需要估算差旅费用。需要记住的关键日期包括那些已确立为节点的日期，因为那些日期可能需要召开小组会议来审查进度。一旦估算了每个任务所需的工作量，可按专业工时的15%～20%来估算其他支持性的工作量(秘书、行政管理等)。

（7）**识别可变因素和潜在问题**

即使最周密的计划也可能在最后一刻发生变化或受意外因素的影响，每个估算中都会有不确定性因素。一些常见的不可控因素包括：

- 影响可供资源的经济衰退；
- 主要支出项目费用增长；
- 裁员；
- 改变关键程序的企业战略转移；
- 需立即优先处理的紧急情况。

其他容易预测的可变因素，例如：

- 任务的复杂性高(或低)于预期；
- 要求的能力水平高(或低)于预期；
- 现有的能力水平低(或高)于预期；
- 差旅增加(或减少)；
- 报告比预期花的时间更多(或更少)。

因为这些可变因素无法精确估算，所以应该考虑它们(及其他确定项)潜在的影响，并留有合适的时间和资源用于应急。另外，如果感觉估算可能存在问题，应进一步确定问题。因为这样做，要比不切实际的期望更好。

资源需求估算的最后一项任务是要求团队通过考虑反驳数据的方式对估算提出挑战。鉴于团队成员的专业水平，他们应能够在最精确且经过深思熟虑的估算中找出漏洞。这将有助于辨识出数据不实的区域，以及那些在时间要求范围内可能目标过高的项目。当向管理层汇报估算时，这种做法有助于提前预料到管理层可能提出的问题。

一旦制定了实施方案和进度安排，并估算出资源要求，就应该将这些信息进行组织整理，以便向 PSM 支持者们做介绍。如果你一直向管理层汇报进展，那就应该清楚他们所期望的汇报格式、内容和详细程度。项目计划的目录举例如表 4.17 所示。表 4.18 为所选择的部分计划提供了更多细节内容。

表 4.17　项目计划目录表实例

1. 组织机构与责任 1.1　项目描述 1.2　项目组织 1.3　项目责任	4. 质量计划 4.1　质量管理目标 4.2　项目质量保证
2. 行政管理 2.1　沟通 2.2　文档 2.3　进度报告	5. 实施和验证(见表 4.18) 5.1　试验 5.2　培训 5.3　实施 5.4　验证 5.5　财务控制
3. 项目控制 3.1　工作分解结构(见表 4.11) 3.2　进度安排(见图 4.8) 3.3　所需资源(见表 4.15) 3.4　资源估算(见表 4.16)	

表 4.18　实施与验证计划举例

实施与验证
试验：在项目组选择的两个地点进行 PSM 体系的试运行，测试期为两个月。在试运行期间，项目组将监控 PSM 体系，确保程序清晰且与其他程序无冲突。
培训：项目组确定每个新 PSM 体系实施所需的培训。培训量和类型及需要培训的人员数量在制定的程序中确定。
实施：每个新 PSM 体系将在试运行之后进行实施。分发程序文件，并在公司管理委员会的会议上描述程序。
验证：每个 PSM 体系包括实施验证机制。发送至公司 EHS 部门的文档副本也需要执行验证机制，或是项目组确定的其他机制。
财务控制：财务处会跟踪记录该项目的所有花费并向项目经理汇报。累计费用将在项目月度进展报告中体现(见图 4.9 的示例)。

4.4　制定书面程序/规程

《基于风险的过程安全》定义管理体系为“按照一定的原则，用一致的方式而规

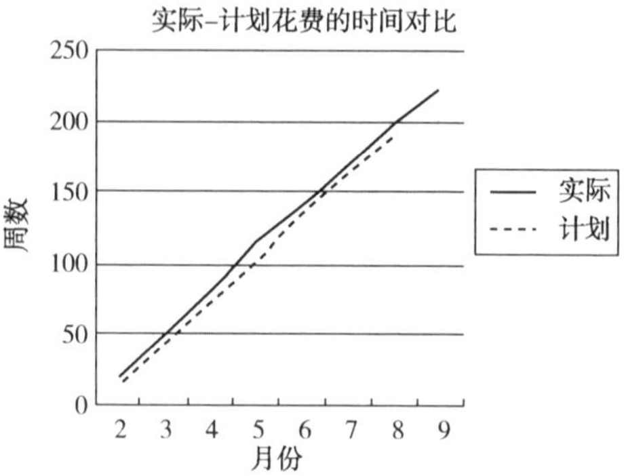

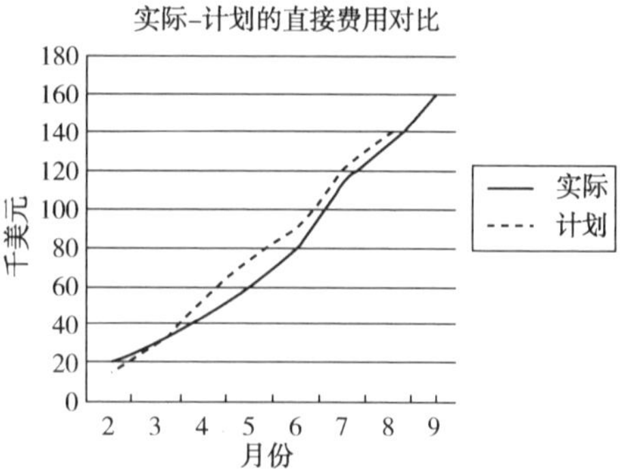

图 4.9　示范报告：对比实际与计划中所使用的资源和费用

定的一系列正式建立的活动”。PSM 管理体系必须形成书面程序或规程，这样才具有可持续性：因为随着时间的推移，未成文的惯例会消失，关键人员会离开，或者出现的挑战会导致体系的“临时”偏差，然后这些逐渐被接受并最终变成常态。

注：尽管只有几个要素在规定中要求提供“书面程序”(例如，OSHA PSM 规定仅要求员工参与和 MOC 需要书面程序)，但事实上没有书面程序不可能建立可持续性的管理体系。

4.4.1　目的与范围

PSM 要素和整个体系的书面程序应包括目的(即要素/体系想要达到的目标)和范围(即必须适用和遵守要素/体系的领域)。陈述目的有助于让从事要素/体系工作的人员理解他们努力的益处，从而提高组织内部的支持和一致性。一个明确的目的也有助于企业对组织范围的调整(例如，该要素在未涵盖的程序和设备上的适用程度)。

要素/体系的应用范围应考虑以下方面：

- 适用情况下，基于 PSM 规定的最低要求。例如，要素(或其部分)可适用于装置的某些化学品和过程。
- RBPS 关于每种化学品及每个过程所涉及的危害和风险等级的考量。
- 要素应用到未涵盖的过程或部分设施的益处。例如，许多公司对装置的所有化工过程均使用 MI、MOC 及事件调查等要素，因为他们相信所实现的风险降级和成本降低会抵消所需的额外工作。

明确的范围也会避免内部人员混淆 PSM 的要求和指南的适用性。

4.4.2　人员作用与职责

确定所有 PSM 要素和工作活动的人员职责是很重要的。当员工认为某些工作应由别人来做，或具体职责分工不明确时，问题就会出现(正如俗话说：“当它是每个人的工作时，它通常是没有人做。”)。另外，如果重要的监督和持续改进活动未明确且未记录，那么它们很容易被忽略(例如初期审查、授权、审核、评估和管理审查)。制定要素/体系的工作流程(见 4.2 节)时，一般会讨论“谁做什么”。所以，如果有工作流程，则用其作为确定职责的起点。

明确人员职责的另一个常见做法是为每个要素开发 RASCI(责任、职责、支持、咨询、通知)或 RACI 图表。这些图表确定：(1)所有与需要关注的要素相关的任务；(2)每项任务应参与的人员；(3)每项任务中参与人员的角色。此外，可根据这些图表针对组织内人员的职责来进行定制化培训。图 4.10 为 MOC RASCI 图表示例。

R-负责人(执行工作的人员)　　*C-顾问(对该工作有见解之人)*
A-责任人(最终责任人，负责监管执行工作的人员)　　*I-知情人(需要了解工作的人)*
S-支持者(提供信息、资源或协助)

任务	MOC启动人员	受影响的经理	负责人	操作经理(或代表)	负责的专家	EHS培训师	现场过程安全经理	工厂经理	企业操作VP	企业EHSS负责人
启动 MOC	R							A		
审查针对所有设计偏差而开展 MOC	R							A		
领导 PSSR	R							A		
审查 MOC 的影响并分配初始任务		R，A								
分配额外的开车前/后的任务(MOC 授权后)		R，A								
完成 MOC 审查并组装设计包			R	A						
完成分配的开车前/后的项目			R					A		
审查 MOC 设计包并授权				R，A			C			
审查 MOC/PSSR 文件并授权开车				R，A			C			
确定 PHA 或其他方法的需求，确保 PHA 满足要求							R			A
实施/维护程序/规程					R	C	C		S，A	S
确定培训需求					R	S	S	A		
更新培训矩阵					I	R	I	A		
与其他 PSM 要素或 EHS 程序配合							C		R	A
提供现场管理的评估指标					R		C	A		
审查/批准程序修订					R		R	R	R	R，A

图 4.10　变更管理的 RASCI 图表示例

• 对于每个 RBPS 要素，"谁来做"为参与要素工作活动的人员提供了一个更广阔的视角。对于工厂和公司来说，这是一个良好的开端。

• 每个要素"可能的工作活动"应按本书第 4.1 节所讨论的内容进行审查。由此来讨论公司决定的每一项工作活动中应由哪些团队或员工参与。

• 同样，"提高有效性的途径举例"这一节讨论了所选活动对应的职责。例如，《基于风险的过程安全》中"操作程序"这一章的一些任务需要确定和定义的角色和职责如下：

  ○ 定期审核程序的符合性；
  ○ 消除班组间的差异；
  ○ 对相同工艺的多个装置的程序进行同时审查。

4.4.3 工作过程、任务和程序

书面 PSM 程序/规程应包括如下：

• **实施要素活动涉及的工作过程**：如果已按第 4.2 节制定了工作流程，那么它应是程序不可分割的一部分。如果没有工作流程图，则程序应体现所涉及的步骤、步骤顺序(必要时)及人员和工作组间的切换。

• **定义的要素任务/活动**：第 4.2 节描述了各要素从制定"设计说明"到实施任务/活动的过程。任何情况下，这些都应在书面程序/规程中体现，从而：(1)确保企业了解所有要做的事情；(2)确保程序和实践相一致，实现"制度化"。

• **需要足够的细节来帮助理解要素活动的要求和指导**：切记期望必须清晰、在工作组之间保持一致，且始终不变。清晰的描述非常重要，这样才能从根本上让每个人的理解和实践一致。

4.4.4 必要的输入信息和预期的结果

书面程序/规程也应体现必要的输入信息(针对要素及其任务/活动)与预期的结果(总体及各个任务/活动)。如果已制定了工作流程(见 4.2 节)，它为每个工作过程的输入和输出信息及许多步骤提供了起点。此外，《基于风险的过程安全》中的"预期的工作产品是什么?"一节，为总体要素的输出信息和预期结果提供指导。

在审查此信息和其他可供信息及与利益相关方适当沟通的基础上，应确定必要的输入和输出信息，并记录在书面程序中。所记录的输入和输出信息，为证实要素的健康和有效性而采用的措施和评估指标提供了起点。输入和输出的质量或完整性(如果可以衡量)，为体系的绩效保障提供了工具(见第 4.4.8 节)。

4.4.5 人员资格和培训

执行要素活动时，如果没有合格的、训练有素的人员参与，该要素/体系很可能会失败。因此，书面程序/规程需体现所要求的人员资格水平和培训，及各要素所需的总体或特定的任务/活动。

再次重申，《基于风险的过程安全》这本书非常有用，因为“保持可靠的惯例做法”这一小节(尤其在各章的“可能的工作活动”这一节中)，为如何吸纳胜任人员参与工作活动提供了指导。书中还建议这些胜任的人员接受或参与定制化培训。

另外，“过程安全能力”要素(第5章)为确保整个公司以及各个PSM要素的执行能力提供了广泛的指导。基于以上信息、工厂或公司的经验、现有能力水平，决定PSM各要素内哪些活动需要合格的人员，确定拥有并保持能力所需的培训和/或工作经验。

4.4.6 启动条件、进度安排和目标

PSM活动的启动条件可能有多种，例如以下情况：

- 周期性(例如，操作程序需每年认证一次，合规性审核要求每3年一次，PHA复审要求每5年一次，一些压力容器的内部检查可能要求每10年一次，相关人员定期复训等)；
- 变更(例如，增加新的管段或大幅修改操作程序，从而启动变更管理，然后需要更新PSI、操作程序和MI程序，以及进行开车前安全审查[PSSR])；
- 计划事件(例如，装置停车大检修，因此需要执行“停车检修”程序，然后是一些安全工作惯例和维护程序，最后执行“大修后开车”程序)；
- 意外事件(例如，危险化学品泄漏，需要立即进行应急响应和后续的事件调查)。

设计说明(见4.1节)至少应确定每个要素所适用的大多数启动条件(或初始事件)。《基于风险的过程安全》各要素章节的“何地/何时实施”小节也提供了关于该主题的指导，值得借鉴。一个要素或其活动的所有启动条件应确定并记录在书面程序/规程中。

PSM要素活动的进度计划非常重要，尤其是对于有法规要求以特定频次开展的大型或不频繁的活动。例如，某现场有25个PHA，每个PHA必须每5年复审一次，这就需要有进度记录来避免过期。进度可通过表格来记录，此表格作为“符合性日历”定期更新，或通过计算机系统来维护(例如，培训管理、维修管理或企业资产管理系统)。

书面程序/规程应包括关于如何或在哪里执行的合理的进度计划或执行指标。

如上所述，对于PSM体系中周期性的进度安排，可使用目标日期。然而，也应考虑对特定活动设置完成的时间节点。举例如下：

- 为PHA、事件调查和合规性审核等产生的整改措施设置实施的目标日期。《基于风险的过程安全》中有相关示例。
- 一个临时MOC的实施周期可能限于几个月，以确保及时关闭且风险可控。

- 一个工程管夹的使用时间可限于几年，以确保相关风险可控，避免类似行为司空见惯而习以为常（“偏差常态化”）。
- 在完成 PSSR 后，现场要求所有与 MOC 相关的 PSI 应在 90 天内更新，完成“最后”一步。
- 现场应要求在事件发生后的 30 天之内发布事件调查报告，从而：(1)强调快速和充分调查的重要性；(2)用于经验教训学习。

全面分析哪些要素活动应包含目标，这些要素活动应记录在书面程序/规程中，并根据情况作为评估指标来使用。

4.4.7 所需的资源和工具

各要素和体系设计说明的制定（见 4.1 节）及资源估算（见 4.3 节）已确定了相关工作活动所需的资源和工具。任何需要使用的具体资源和工具应在书面程序/规程中体现出来。

具体资源和工具包括：(1)表格或电子文档；(2)纸质版或电子版文件；(3)设备（例如，用于 MI 超声波厚度或振动检测）；(4)PSM 活动软件（例如，文件管理系统、PHAs、MOCs、事件调查、MI 检查/测试、整改措施）。另外，所有需使用或支持程序的参考文献应加以引用（例如，规定、公司标准、RAGAGEFs）。

注：附录Ⅲ（“RBPS 工具”）、网站上与本书相关的文件“礼来制药公司 PSM 工具”和“PSM 软件编译”都提供了一些有用的资源和工具。

4.4.8 衡量、管理审查和持续改进

严重的过程安全事件发生相对较少；但一旦发生，它们通常是多个根原因的综合结果，其中一些原因是管理体系的有效性降低，更甚者是管理体系活动完全失效。

装置应实时监控管理体系活动的绩效，而非等到事件发生或多年一次的审核来确定管理体系潜在的问题。实时监控有助于在严重事件发生前确定异常情况并加以纠正。

在 RBPS 管理体系中，“衡量和评估指标”要素建立了绩效和效率指标，用来近乎实时地监控 RBPS 管理体系及其要素和工作活动的有效性。

该要素体现需要考虑的指标、数据收集的频率以及信息处理方式，从而有助于确保 RBPS 管理体系的有效运行。此外，本章强调完整描述过程安全的有效性，使用前导和滞后指标组合是最佳方式。

可为每个 PBPS 要素建立一个或多个评估指标，或为整个体系创建几个指标。评估指标可体现运行阶段的绩效问题、效率问题或综合两者的有效性问题。一旦数据收集/刷新系统到位，可在任何地方查看评估指标。个别评估指标的更新周期可以是一天、一周、一个月或更长，这取决于评估指标的重要性与动态特

征、数据收集的预期费用及当地需求。

在新 PSM 体系初始设计和实施期间创建评估指标，比在体系实施运行后创建指标更加容易。《基于风险的过程安全》书中有关要素的每一章都有一节包含此要素关键原则的评估指标列表。读者可从这些例子中选择或制定、添加自己的评估指标(有关根据输入和输出信息制定评估指标的内容，请见 4.4.4 节)。

通常通过提出一系列的评估指标，收集数据、开展初步测试，来判断跟踪衡量数据是否有助于确定管理体系的退化。为验证体系是否符合设计，开始实施时需要几组不同的评估指标。

收集使用的评估指标也会变化或轮流使用，以平衡收集、监督和评估更广泛指标集所需的资源。制定评估指标策略将会优化资源，并发挥更广泛指标集的优势。

过程安全评估指标的其他 CCPS 来源包括：

- 评估指标网站 www. aiche. ora/ccps/search/metrics，提供了大量信息，包括此主题的手册、演示和在线研讨会；
- 标题为《过程安全前导和滞后指标》的 40 多页的手册；《未衡量，无改进》，查询网址为 www. aiche. org/sites/default/files/docs/pages/metrics%20english%20updated. pdf；
- 《过程安全评估指标指南》(参考文献 4.7)提供了关于过程安全绩效指标的基本信息，包括绩效评估指标的综合列表及长短期如何成功应用的实例。

同样，ANSI/API RP 754 提供了可能的衡量指标，划分成四级(参考文献 4.8)。

在考虑了可用及现有的衡量评估指标信息后，装置或公司应决定如何评估要素/体系的绩效、如何创建衡量指标(针对要素和/或整个体系)及优化资源的评估指标策略，并在书面程序/规程中体现以上所有信息。

“管理审查和持续改进”在《基于风险的过程安全》第 22 章。管理审查是指定期检查过程安全管理体系的健康状况，以在审核或事件发现问题之前识别当前或初始的缺陷，并加以纠正和持续改进，从而实现体系的可持续性。

管理审查是对管理体系是否按预期执行并产生预期效果的常规性评估。这是管理人员持续进行的“尽职”审查，旨在填补日常工作活动和定期正式审核之间的缺口。

实施 RBPS 要素的地方都应进行管理审查。尽管审查进度基于需求制定，但个别 RBPS 要素的管理审查通常按预定的时间间隔进行(例如，一般周期为每月至每年)，也可结合其他定期的会议来安排，例如装置安全委员会会议。

管理审查与审核的目的一致，即评估整个 RBPS 要素或具体要素任务实施的有效性。然而，由于管理审查的目标是发现当前或初始缺陷，所以审查比审核更集中且更为频繁，通常以非正式的方式进行。

不过和审核一样，管理审查根据既定的要求至少检查一个或多个 RBPS 要素的实施状态。管理审查小组与负责管理和实施主题要素的人员召开会议，旨在：(1)介绍程序文档和实施记录；(2)直接观察条件和活动；(3)回答有关程序活动的问题。

为解决现有或预测的绩效差距或低效提出建议，为执行建议进行责任分工并制定进度计划。通常，用跟踪审核结果整改措施的系统来跟踪管理审查建议项的实施直至问题解决。

在考虑管理审查的可用信息后，相关人员应在书面程序中将这些要求制度化。

4.4.9 审核

除作为多数 PSM 管理体系要素之一的“合规性审核”要素(有关此主题的更多信息，请见《过程安全管理体系审核指南(第二版)》[参考文献 4.9])之外，相关人员应随时评估 PSM 体系的成熟度。

狭义上，审核主要是核实过程安全的实施与既定标准的符合性，但许多企业更期望达到比合规性更高的绩效。审核要素的综合实施有助于企业建立绩效实时监控系统，可用来跟踪管理体系的成熟度。《基于风险的过程安全》第 21 章提供了有关如何完成该做法的指导。其中一些要点包括：

- 应为每个 RBPS 要素确定相关的绩效评估指标，为每个审核更新指标。
- 绩效出现问题的地方需要进行更加频繁或目标明确的审核。
- 根据结果趋势来确定绩效是否会有提高。
- 连续的不良绩效表明某个 RBPS 要素在实施过程中存在薄弱环节，或此要素未根据既定程序进行一致性的实施。
- 需要进行根原因分析来确定绩效持续低下的根本原因，包括相关过程安全文化的薄弱环节。

注：对于需要完成和维持定期合规审核的装置，可能希望制定并管理法规未要求的独立审核(评估)报告。

考虑了以上因素之后，再考虑做什么审核、审核范围(例如，关于个别要素或整个体系)、执行者、频度等，并在书面程序/规程中体现这些要求。

4.5 实施要素及体系

新 PSM 体系实施的下一个重要步骤是推广。此步骤中的活动应包括：

- 收集有关如何实施该体系的信息；

- 新体系或所选要素的试运行；
- 制定实施方案；
- 确定相关的工具和资源已就位；
- 完成 PSM 体系程序；
- 提供体系推广培训。

4.5.1 收集实施信息

推出一个新 PSM 体系的第一步应是：(1)从所有利益相关方处收集有关如何实施的意见；(2)学习设施或类似企业以前的经验。记住以下目标：

- 从工人员工、PSM 要素/体系负责人和企业的支持者/影响者那里获取实施想法；
- 征求受 PSM 体系实施影响的各部门的意见；
- 考虑所在公司或其他公司以往事件在技术和文化方面的经验教训(更多的信息，请参见《基于风险的过程安全》第 19 章和第 3 章)；
- 收集现有体系或要素以前如何实施的反馈信息，并根据这些经验考虑变更。

4.5.2 试运行

接下来，在新的 PSM 体系或所选要素正式实施之前，先在现场进行试运行。通过试运行，对即将实施的 PSM 体系进行调试，更容易取得验收和成功。

一般来说，必须定制 PSM 程序来有效满足设施或公司及其文化的具体需求。在多数情况下，最好的方法是在不同阶段对关键大型要素进行试运行。这使得体系在设施内实施之前，可以进行几次测试，并根据需要进行调整。最后，将试运行结果整合到实施方案和进度安排中。

4.5.3 制定实施方案

4.5.3.1 选择实施策略

PSM 体系的实施没有唯一“合适”的策略。这取决于公司的需求和文化(目前已确定的)，可以选择全公司或特定设施的 PSM 体系实施策略，或结合两者特点的“混合型”实施策略。

综合考虑多种因素(其中大部分因素已确定)，为公司选择最好的实施策略。在考虑本节所述的每个实施策略的优点时，牢记以下具体因素：

- 公司内的业务部门或个别设施之间 PSM 体系的当前绩效差异很大；
- 由于设备和当地法规的差异，每个生产地点对 PSM 体系的要求不同；
- 生产工艺不同的 PSM 体系要求可能不同；
- 公司管理可能高度集中或本地化。

无论选择哪种实施策略，尽量在规划和实施过程中体现某种程度的本地化结合。本地化结合可以给予设施人员对过程的“所有权”，这意味着他们会更有可能在工作中解决问题或避免错误。此外，本地化结合意味着能够尽早确定实施过程中的本地化障碍。

在所有情况下，本书中所描述的初步工作为实施方案的选择和制定提供了大量可参考信息。

(1) *全公司策略*

到目前为止的工作中，应该已经确定了公司不同部门、地区和地点的管理风格。如果这种风格倾向于集中管理，则全公司的 PSM 体系实施策略会是高效的。

全公司实施策略包括以下关键优势：

- 确保公司一致应用 PSM 体系；
- 通过规模效应使装置程序制定和其他一些活动所需的资源最小化。

另外，全公司的 PSM 体系可能产生一个由范围相对小而集中的专家组支持的持续开展的程序。

同时，对于 PSM 体系要求在不同区域差别很大的公司，可能无法找到集中性的、全公司范围适用的方法，除非整个企业的 PSM 体系绩效不佳。无论哪种情况，一些集中协调的工作有助于确定共性问题，并促进区域间知识和经验的共享。

根据 PSM 体系评估结果，若存在下述两种情况之一，则考虑全公司范围(集中式)策略：

- **PSM 体系目前的绩效相对较差**。这种情况意味着本地实施缺乏专业知识和经验。更加实际的做法是成立一个专业团队集中管理并对本地员工加强培训，提高所需技能。
- **各个地区的生产工艺类似**。如果公司的工艺在整个企业内具有可比性，那么这会是很好的机会来最小化过程安全的资源需求。

例如，一个设施的详细程序无需大的改动，就可以直接在其他设施使用。如果此方法违背公司的文化(例如，每个地区独立制定自己的程序)，则需要建立一定程度的本地实施方案，以确保被采纳。

一般集中式实施策略需要建立多个团队，且由同一个实施经理或管理者领导以确保相互协调。全公司的任务组及组织的总体结构将取决于公司的管理风格和采取的实施策略。一些公司通常使用独立的项目团队来完成重大任务，而其他公司则在现有部门内成立团队。

集中团队按要素来开展过程安全工作。团队制定各要素详细的指南、程序和标准，然后由设施管理人员实施。但每次处理某个单一要素时，团队必须确保相互关联的要素(如培训)和适用整个 PSM 体系的且体现体系特征的工作活动(如档案)采用一致的方法来处理。

在考虑此方法时，要保证这些团队成员熟悉公司的所有业务操作，以确保一致性。此外，一般来说，团队成员应具有操作、设计、维护和安全管理的经验。

注：考虑公司召集和管理具有以上能力人员的实际难度，有助于确定实施全公司策略的可行性。单个部门使用该方法的可能性更大，因为他们通常有共同的生产工艺和设备。

（2）*设施定制化策略*

设施定制化实施策略取决于本地的专家资源，需要一些本地的过程安全团队协助工作。这种做法的一个好处是能很快地实施 PSM 体系。此外，设施的程序经调整可适应本地的要求，每套装置都有不同的管理风格、设备或本地法规。缺点就是这可能会使每个设施的程序差别很大，降低了相互学习的可能性。

如果在不同地区的以下一个或几个方面已确定存在重大差异，则使用设施定制化方法实施体系是可行的：

- PSM 体系当前的绩效；
- 潜在的过程风险；
- 地方法规要求；
- 生产工艺；
- 工艺技术和设备；
- 本地管理风格。

注：如上所述，当 PSM 体系当前的总体绩效不佳时，装置定制化策略往往不会成功。本地员工不具备 PSM 体系知识或经验，在缺乏大量外部协助时无法制定和实施程序。即使已辨识出显著差异，如果确定出 PSM 体系整体绩效不佳，则应考虑使用全公司策略而非装置定制化策略。

设施定制化实施策略要求在公司各设施建立一个本地团队。一般来说，这些团队由常驻人员组成，并向设施经理报告。典型的本地团队包括设施安全经理和操作、维护与工程代表。

通常，这些团队可获取外部协助，如其他公司的专家、顾问或工程师提供专业知识。无论如何，这些团队应直接或通过设施经理向公司实施经理或管理层汇报进度，确保一致性，并通过交流经验来推进工作。

注：在 PSM 体系某方面有完善程序的设施，使用定制化策略时会确定“最佳实践”程序，并促进不同地区间的相互沟通。

（3）*混合型实施策略*

无论是全公司还是设施定制化实施模式都不是完美的解决方式。实际上，许多公司吸纳了两个策略的要素，形成了混合型的策略，以满足他们的需求。混合型策略体现PSM的一些通用要素和一些本地化要素，从而反映PSM当前的绩效。在许多现实情况中，这是利用现有资源的最佳方式。当不同要素的绩效不同时(例如，一些要素在整个公司的绩效差，而其他要素在全公司或特定区域好)，混合型策略是系统性解决差距的唯一有效方法。

混合型策略比较难管理，因为PSM项目团队和其他管理人员的关系和责任分工因要素不同而不同，这会导致PSM团队和其他管理者的职责不清、沟通不畅和资源浪费。

混合型策略要取得成功，必须事先对团队进行充分管理，形成集团公司与本地团队的关系网，并且职责分工明确。

一般由公司的项目执行经理进行整体协调，他对特定要素的工作人员和特定设施的工作人员(见表4.19)进行召集和管理。本地设施管理人员代表第三方，本地的协调工作一般是所在地执行经理的责任。

混合型策略需要精心设计沟通程序，专门用于所有利益相关方了解全部相关活动的最新情况。

注：对于上述三种策略，在一定情况下也可以使用“阶段性实施策略”。在某种情况下，公司可能会发现某些工作活动在初期将严重依赖于其他已开展的工作。在这种情况下，在实施的第一阶段应建立最低工作要求，在第二阶段采取更高(最佳)的要求(甚至在第二阶段即将实施时还没有确定)。

表4.19 混合型策略的责任矩阵举例

团 队	责 任	领导人
企业MOC团队	制定所有现场适用的MOC系统	设施维修主管
企业培训团队	制定所有现场适用的培训系统	企业人力资源经理
设施X的PSM团队	在所有现场推行设施的PHA系统	设施安全经理
各设施的团队	使自有的预防性维护系统适应PSM需求	设施PSM协调人员

4.5.3.2 确定优先级

如今，没有公司具备无限的PSM程序实施资源，极少数公司能够立刻满足所有要求。很显然，必须对体系所需的每一项行动设置优先级，确保有序合理实施。

企业在评估现状、变更组织、设计新体系之后，应当已具备条件来建立优先级设定的工作准则。这样的准则可能包括：

- 法规的符合性；
- 潜在危害的程度；

- 装置运行的相关性；
- 对公司政策的符合性；
- 与业务程序的整合(见第7章)；
- 新电子工具的需求(例如，数据库、计算机化维护管理系统)。

在决定哪些(或其他)准则适合公司的情况前，最好考虑一下所选准则是否都重要。

违反规定将使公司面临因罚款、限制或停工而遭受经济损失的风险。另外，公司因违反规定导致严重的负面宣传，这会影响客户、股东和员工的声誉，例如一个MOC程序缺少了OSHA所要求的某个方面，比如变更的时间要求。解决不符合性的情况会提高特定设施实施某要素的优先级。

潜在危害的程度因设施和单元而异。如果两个设施的PSM程序缺陷相似，其中一个装置的潜在危害较高，那么程序改进对于危害较高的设施的益处会更大。例如，一个强有力的MOC程序处理反应化学品比处理液态乳胶产品更重要。在没有其他考虑因素的情况下，PSM的优先级应反映各单元的风险等级。

各要素与设施条件的相关性会有所不同。相比其他行动项，某些行动项在过程安全方面带来的改进更大。因此，行动项的优先级应根据取得的安全改进程度而定。例如，对于现有装置来说，明确执行MOC的部位比装置选址产生的影响更大。

公司PSM程序必须体现公司安全管理政策。

注：设定行动项的优先级时，必须考虑可用资源。可能在所有行动项中，某一项使过程安全取得的改进最大，但需要所有可用资源。而将精力分散到许多低优先级的行动项上，它们对整体安全绩效产生的总影响更大。

注：切记，设定优先级时，必须考虑整个公司、部门或单元的整体预期目标，而不是简单地解决单个问题。很显然，评估过程中确定的任何高等级风险应根据公司和设施风险管理计划指南加以解决；但注意不要让异常结果影响总体上有优先性的项目。例如，资本项目审查程序缺失是一个很大的问题，但如果每年只有一个项目，那么与目前操作工培训严重不足的问题相比，其优先级就降低了。

上述建议的工作准则可以有效应用到所选择的实施策略中去。在评估PSM当前状态时，要对哪些设施需要设定优先级有相当深入的认识。同样，评估程序会阐明哪些PSM要素的提升会产生最有效的结果。

无论选择设施特定策略、全公司策略还是混合型策略，从设施和PSM要素两方面考虑优先级是有帮助的。其目的是帮助确定需要做的工作、工作顺序及需要的精力。

(1) *设施优先级设定*

在评估公司目前PSM状态的过程中，可以清楚地认识到哪些设施面临最大的风险，以及确定风险是来自固有过程风险、人为因素、管理系统因素，还是以上因素组合。在设定实施项的优先级时，应仔细审查从评估任务中收集到的信息。另外，应通过定量分析来验证和充实之前的看法，从而有助于确定设施的优先级。

简单来说，潜在危害的程度取决于装置使用危险物品的数量和储存条件。存储物料的数量可用于衡量由于装置完整性丧失导致泄放的规模。储存条件则会影响泄放造成的破坏程度。附录Ⅴ提供了初期的设施评级实例。

然而，危险物品总量本身并不能完全可靠地衡量潜在危害。考虑设施内可分离部分的物料量更有帮助。这些设施分隔段的物料量通常代表可能发生的最大可靠泄放。这些分隔段包括罐区、卸货台和单独的工艺厂房。

通过审查工艺流程图和阀门布置，可以快速确定这些设施分隔段。分隔点可由远程启动的控制阀或电动切断阀来定义。

PHA 方法有助于确定可信的最大事故工况(注意手动阀不应作为可靠的分隔点来考虑，除非重大意外事故不会危及它们的所在位置。并且，只有当具备充分可靠的工程和维护程序时，才能把远程启动阀作为可靠的分隔点来考虑)。此外，还可以考虑：①使用 EPA 的“危害评估”要求(根据 40 CFR 第 68 部分的 B 子部分)和用于场外后果分析的“风险管理计划指南”来确定和量化可靠工况；②使用陶氏火灾和爆炸指数方法对工况进行定量分析(有关更多的信息，请参见《陶氏火灾和爆炸指数危害等级指导》第七版)。

根据机械和运行数据能够估算一个分隔段中包含的物料量。还应考虑运行条件，它可根据装置物料平衡或实际运行数据获取。简单的危害模型能预测蒸气云、火灾辐射危害和爆炸超压的规模，这些模型可以从多种来源获得。

注意有关火灾、爆炸、毒物泄放及其对建筑物使用者影响的装置选址问题的详细描述，请参见《流程工业建筑物风险评估指南——外部爆炸、火灾和有毒物质泄漏(第二版)》；APT RP 752《与过程装置永久性建筑物位置相关的危害管理》和 API RP 753《与过程装置可移动建筑物相关的危害管理》。

在确定装置的固有风险等级后，将这些结果与 PSM 评估确定的差距进行比较。结合 PSM 要素的成熟度和装置风险，可以更全面地描述设施的优先级(参见表 4.20 中的图解法示例)。例如，PSM 绩效总体相对较差(如表 4.20 中的 X 设施)的高风险装置应该被优先考虑。相反，PSM 绩效相对较好(如表 4.20 中的 Y 设施)的低风险装置就不需要。在这两者之间，肯定还有很多优先级不太确定的情况。例如，有些情况中 PSM 程序制定得很好，但无法完全解决高危险性过程或最差工况；在其他情况下，相对低风险装置的 PSM 体系水平也相应较低。

表 4.20　PSM 评估差距和优先级的示例分析

PSM 要素	PSM 要素成熟度		
	初期	发展	成熟
变更管理	X	YZ	
培训	Z	X	Y
过程知识管理		ZX	Y
与标准的符合性		Y	ZX
操作守则	YXZ		

Z=设施 Z Y=设施 Y X=设施 X	危险等级标号：大写字母表示更大的风险。例如，高危险性物料(X)包括碳酰氯、二硫化碳、环氧乙烷等。中等危险性物料(Z)包括甲苯、硫酸等。低危险性物料(Y)包括苏打粉、明矾等。

注：判断力和经验无法替代。将这些定量分析方法作为团队准确设定优先级的指导工具或方法，而不是绝对的公式。此外，切记目标是通过持续的努力而非单个行动、事件或“特别手段”来提高过程安全的整体状态或绩效。

(2) *要素的优先级设定*

为设定 PSM 程序要素的优先级，需要考虑两个因素：一是不符合程度；二是该要素与其他要素的相互关系。

① 不符合程度

根据以下几方面的符合程度，考虑公司和每个过程安全要素的 PSM 评估结果：

- 存在正式可运行的体系；
- 具有非正式的体系；
- 有体系存在，但未遵守；
- 有不完整的体系需要提升；
- 没有体系。

各种不符合的情况从根本上是不同的，所以需要采用不同的方法和行动使它们符合要求：

- *如果存在并遵循一个非正式体系，那么这只是风格，而非实质问题。*一个设施或单元可能有健全的安全文化和完善的安全惯例，但管理人员缺乏使用正式文档的习惯，或者只是认为这不重要。假设安全绩效满足适用的标准，与其他不符合情况相比，可将类似这样的例子设为相对较低的优先级。类似这样的案例最容易解决。因为已经有了很好的基础，所需要做的就是通过准备实施文档程序来将非正式的体系正式化。另一方面，不要低估或跳过与风险承担者沟通这一重要步骤。有效的沟通、参与、主人翁意识和支持是有效实施的关键所在。实施不佳会使 PSM 的绩效更不如从前。

• *体系未被遵守和体系不存在，两者对安全的影响是一样的，所以应被视为同等优先级，但它们的根本原因可能存在极大差异。*无论如何，当发现这些不符合情况时，应仔细考虑它们存在的原因。这样做会获得关于有效实施 PSM 的潜在障碍的高质量信息。

• *如果要素的正式体系未被遵守*，这表示体系本身存在问题(例如设计缺陷、不实用、细节不足或解释不充分)或管理缺陷(例如监督不足、缺乏培训、未持续跟进或实施、资源不足)。不论是哪种原因，都应该关注并设法在实施方案中解决。

• *如果要素根本不存在体系*，则可能表明设施管理人员不完全理解要素的要求，或由于某种原因无法履行其责任。此外，公司监督、指导或资源分配上的不足也可能是导致此问题的原因。无论如何，所制定的方法必须要考虑到这些问题。

② 相关联的 PSM 要素

一些 PSM 要素相对独立，而有一些要素整体相关性较强，几乎涉及到整个程序的各个方面。在任何一个程序中，都应把会影响程序其他部分的要素设定为最高优先级。

这样会使 PSM 的工作更加有效，并提高体系的一致性。RBPS PSM 体系模块的过程知识管理和危害识别及风险分析要素有着特别广泛的影响。其他关联性较大的要素包括培训、MOC 和操作程序。

除考虑相互关联的要素外，还应该特别注意最直接影响操作的要素。例如，如果公司正在进行大规模的扩建项目，相比公司所有大资本项目的进度要求，应该将 MOC(尤其是资本项目)和标准符合性设为较高优先级。

③ 限定计划范围

设定优先级有助于确定公司计划的限定范围，这反过来会使计划更加容易管理。注意本阶段的目标是制定可行的工作模式，而不是涵盖所有方面的完美蓝图。如果计划考虑周详并整合完善，则其应该能够适用各种各样的突发情况，而不是所有突发事件还需要额外处理。

计划至少应体现那些 OSHA PSM 或 EPA RMP 规定以及地方法规和公司标准规定所须涵盖的活动。这意味着超出临界量物料的生产、存储运行必须包括在此程序中。

一旦计划经测试并完善后还会希望进行扩充，包含一些虽不受法规管理但可从 PSM 原则和惯例中受益的活动。例如，当前的 OSHA 和 EPA 规定仅包括一些涉及一种或多种所规定的化学品业务操作活动。

但对于未作规定的化学品的类似操作也应考虑进行类似处理，因为有些化学品虽未列入 OSHA 或 EPA 高危化学品名录，但并不意味着它们对员工、环境或邻近社区没有危害。

虽然从短期来看，把重点放在工作中所确定的具体需求和优先级高的项目上可能最有成效，但若清楚地界定了计划范围并能直接体现具体的需求，比起没有目的性的计划会事半功倍。

此外，注重优先需求肯定可以为计划的可行性或适用性提供坚实的基础。例如，为设施(见表 4.20 的设施 X 与设施 Z)中接触高危物料的操作工所制定的培训程序比其他方式更适用于另一个设施中涉及低危险物质的培训工作。

4.5.3.3 实施方案的制定、沟通和获批

在 PSM 实施工作启动时的初始计划介绍，与向公司高层正式汇报后期详细计划一样重要。要牢记，高级管理层的认可对于成功实施至关重要，受计划影响的操作层面的直接管理人员的支持同样重要。

计划的介绍方式大多取决于公司类型、管理者喜好与早期的期望。在分等级的组织机构中，高级管理层期望在计划推行之前审批该计划。其他执行人员倾向于直接管理层审阅评议之后再审查材料。

不管怎样，高层和直接管理人员都应参与 PSM 计划的审查，并与其团队讨论。一般来说，计划中的输入信息和评议越多，获批和成功实施的机会就越大，因为计划会反映受其影响的人员利益。

注：如果决定做正式介绍，则应考虑让 PSM 团队所有成员参与。同样，有关计划的书面意见(如广泛征集的各方建议)应来自该团队。这不仅承认他们的贡献，而且明确地展现了所面临的跨学科挑战。

正式介绍详细计划时可包括以下主题：

(1) 简单回顾初期方案。

(2) 讨论到目前为止的过程和任务。

(3) 概述 PSM 评估结果。

(4) 与初期方案的主要差异。

(5) 讨论所选的实施策略及其合理性。

(6) 从 PSM 要素和设施两方面讨论优先级。

(7) 计划总结：

  a. 需要完成的任务；

  b. 进度安排；

  c. 资源需求；

d. 责任和报告框架；

e. 期望的结果。

(8) 总结计划的益处。

(9) 总结所需的支持。

(10) 问答环节。

附录Ⅵ中提供了第 7 项(计划总结)的示例。

如果已把计划草稿或其部分发给了公司的决策者，则没有必要对以上所有环节都进行介绍。但与个人或小组进行非正式讨论时使用如上所述的大纲是有帮助的。

牢记“达成交易”很重要。讨论的目的不仅是获批，而且是获得提供推进项目所需资源的承诺。要达到这个目的，应将注意力集中在计划益处的总结和支持的需求两方面。这两点结合在一起形成介绍此项计划的核心；让对方清楚这样做的收获和付出。

为了尽可能清楚地确定这些收获，一个可能的方法是要求每个小组成员回答“为什么这个计划是公司 PSM 实施最可行的办法?”然后，要求每个人列出计划的优点及对公司的影响。这样肯定会发现这种简单做法的结果很容易归类，每一类都可能代表一个收获。

然后，(1)根据公司的业务优先级考虑这些收获；(2)将这些收获与管理层建立的 PSM 目标相匹配；(3)设法将讨论结果提炼成几个关键点，总结此项计划对全公司的长期价值。

4.5.4 确认所需的工具和相关资源

此时要确认 PSM 体系所需的工具和相关资源已到位，可以展开工作。步骤如下：

- 准备各种 PSM 体系活动实施所需的工具(纸质版或电子版)、表格和支持材料(例如内网/外网资料、电子表格、文档)；
- 如果准备使用 PSM 的电子版工作流程、文档或整改措施系统，则应确认已经建立了全面测试过的系统，并有充分的网络资源用于该系统的运行和维护；
- 确保基础设施部门提供资源(例如用于电子系统的信息技术、负责培训的人力资源、承包商的选择和 MI 相关职责)。

4.5.5 完成 PSM 规程

在 PSM 体系实施之前，需要充分完善书面程序/规程(见第 4.4 节)。在许多情况下，需进行试运行(见 4.5.2 部分)，确保准备就绪。如果没有准备好，则应调整相应实施方案的进度安排。

4.5.6 提供 PSM 实施的培训

大多数长期从事 PSM 的人员都亲身经历过这样的情况，即一个策划周密、表述清晰的新 PSM 要素体系实施时，因缺乏充分的培训而不得不撤回重做或重新开始，甚至失败。至关重要的是：(1)设施人员要了解新体系及其要求；(2)与体系直接相关的人员要完全理解新体系及其要求和他们的职责；(3)有足够的专家支持体系的日常运行，同时跟踪并解决问题。为了实现这些目标，PSM 体系实施的培训应包括以下几方面：

（1）制定 PSM 体系实施的培训计划，需考虑以下方面：

a. 装置人员需要什么样的体系培训；

b. 哪些 PSM 要素需要进行培训；

c. 哪种培训方式才充分有效(例如，课堂授课、网上授课或两者相结合)；

d. 哪些人员需要整个体系和个别要素的培训；

e. 各类学员所需的培训等级(例如了解、掌握或熟练运用)；

f. 各类培训课程的时间安排。

（2）开发 PSM 培训教材。根据培训计划确定所需的培训教材，为教材开发人员分配任务并确定时间节点，确保留有充足的时间来进行教材审查(也许包括试运行)。

（3）进行 PSM 实施的培训。起初可通过全公司的初级培训(面授或视频会议)或发布公告来宣传 PSM 体系的实施团队、目标和工作内容，作为对正式培训工作的补充。然后，根据培训计划和进度安排提供 PSM 实施的培训课程。确保在培训期间获得学员的反馈意见并仔细审查，从而决定是否需要修改要素和体系，或调整实施计划。

注：根据优先级和风险，一些新的 PSM 要素可能需要尽快逐一推出并实施。

注：《基于风险的过程安全》的第 14 章是计划、准备和实施有效培训的优秀资源。审查并使用书中提供的指导，确保 PSM 培训的有效性。

4.6 监控 PSM 体系的实施、初期绩效和进展

正如在实施新的 PSM 体系之前评估过程安全绩效或状态很重要一样，跟踪新体系的初步实施和绩效也很重要。所以，除了为新要素或体系建立持续的衡量、管理审查和审核要求外，还要考虑：

- **为 PSM 新要素和体系的绩效建立关于其评估指标、反馈信息和数据的收集计划/方法**。在新要素或体系初步实施期间，可能需要频繁收集并密切关注 PSM 评估指标数据，确保数据的正确性和有效性。另外，在此期间可能需要收集

额外的要素/体系绩效数据来进行绩效评估。最后，主动与体系实施人员沟通交流，确定是否有需要解决的问题或改进的想法(基于优先级或作为将来的改进)。

- **为最初的 PSM 管理审查制定计划**。正如本章前面所讨论的，管理审查对于新 PSM 体系的持续改进至关重要。但这可能是设施和管理团队新开展的活动，所以应格外关注，确保最初的管理审查取得成功并有价值。这种关注可以包括：
  - 设施 PSM 团队或协调员帮助准备并检查管理审查会议材料；
  - 与设施 PSM 团队或协调员演练介绍内容，提出可能存在的管理问题和建议；
  - 设施 PSM 团队或协调员参与最初的管理审查会议；
  - 确保最初的管理审查会议纪要和建议为后续管理审查定下基调并提供良好的模式。
- **为 PSM 要素和体系制定初期审核计划**。除本章在前面讨论的持续定期的审核之外，部分或所有的 PSM 新要素与整个体系开展早期的、额外的审核会很可能是有益处的。为此，需考虑哪些审核是有益的，然后制定计划并执行，最后落实审核建议来提升 PSM 要素和体系。

无论选择分阶段实施(先实施一些要素，然后实施其他要素)，还是在体系中添加新的要素，请参阅第 5 章有关该主题的指导。若 PSM 要素或体系绩效的初始或持续监控发现绩效差距，请参阅第 6 章有关该主题的指导。

注：除本节提供的关于实施新的 PSM 体系的指导外，请参阅《基于风险的过程安全》第 23 章有关使用 RBPS 方法创建并实施新的 PSM 体系的实例。

4.7 参考文献

4.1 Center for Chemical Process Safety of the American Institute of Chemical Engineers, *Chemical Process Safety Management-A Challenge to Commitment*, New York, New York, 1988.

4.2 Center for Chemical Process Safety of the American institute of Chemical Engineers, "Guidelines for Technical Management of Chemical Process Safety", *Plant/Operations Progress*, New York, New York, Vol. 10, Issue 2, April 1991, pp. 65-68.

4.3 Center for Chemical Process Safety of the American Institute of Chemical Engineers, *Guidelines for Risk Based Process Safety*, John Wiley &Sons, Inc, Hoboken, New Jersey, 2007.

4.4 Energy Institute, "High Level Framework for Process Safety Management," London, England, UK, 2010, www. energyinst. org/technical/PSM/PSM-framework.

4.5 Center for Chemical Process Safety of the American Institute of Chemical Engineers,

Essential Practices for Managing Chemical Reactivity Hazards, John Wiley &Sons, Inc., Hoboken, New Jersey, 2003.

4.6 Center for Chemical Process Safety of the American Institute of Chemical Engineers, *Guidelines for the Management of Change for Process Safety*, John Wiley &Sons, Inc., Hoboken, New Jersey, 2008.

4.7 Center for Chemical Process Safety of the American Institute of Chemical Engineers, *Guidelines for Process Safety Metrics*, John Wiley &Sons, Inc., Hoboken, New Jersey, 2009.

4.8 ANSI/API Recommended Practice 754, *Process Safety Performance Indicators for the Refining and Petrochemical Industries*, American Petroleum Institute, Washington D. C., April 2010, www.publications.api.org/.

4.9 Center for Chemical Process Safety of the American Institute of Chemical Engineers, *Guidelines for Auditing Process Safety Management Systems*, *2nd Edition*, John Wiley & Sons, Inc., Hoboken, New Jersey, 2011.

5 将新要素融入现有 PSM 体系

5.1 创建新要素

如果现场/公司选择分阶段实施，即先实施一些要素，然后实施其他要素，或者以后在现有体系中添加新的要素，则第 4 章讨论的基本步骤适用于：

(1) **制定新要素的设计说明**。记住每个 PSM 要素的设计说明取决于各要素所要求的详细程度。更多信息，请参见第 4.1 节。

(2) **创建要素的工作流程(若合适)**。若实施要素的步骤、各步骤间的衔接和涉及的工作组很复杂，那么创建一套工作流程会很有帮助。更多信息，请参见第 4.2 节。

(3) **估算要素的工作量和必要资源**。若对新要素所需的工作量和资源及其对整个 PSM 体系的影响缺乏充分理解，新要素的实施可能会失败。更多信息，参见第 4.3 节。

(4) **制定要素的书面程序与规程**。PSM 体系及其要素必须在书面程序和规程中进行描述，以保证可持续性。更多信息，请参见第 4.4 节。

(5) **实施要素**。实施 PSM 新要素的步骤包括：(a)从所有利益相关方收集实施信息；(b)对要素进行分阶段测试(取决于要素的规模和复杂性)；(c)制定具有明确范围和方法的实施计划；(d)确认专用工具/资源的需求和可供性；(e)确定书面程序已完善、经过测试且准备就绪；(f)为需要了解或涉及其应用的人员制定培训计划并提供培训。更多信息，请参见第 4.5 节。

(6) **监控实施和初步绩效**。对新要素的初步实施和绩效进行额外跟踪是有必要的。更多信息，请参见第 4.6 节和第 5.4 节。

最后，记住完成每个步骤所需的精力和资源要明显比整个新体系实施所需的少很多。甚至在一些情况下，上述一个或多个步骤因其所涉及的精力和资源范围较大，而被认定没有附加价值。

5.2 将新要素的工作活动与现有要素整合

因组织架构变化、要素绩效不佳及提升建议，新要素工作活动与现有PSM要素的整合是一种必然。此外，RBPS模型中的某些“扩展”要素和相关活动会是很好的补充，这也可能是整合的驱动因素。

再次重申，上述所列步骤是适用的，但所需的精力和资源一般比新体系实施所需的要少，且并非所有步骤都必需。此外，如果组织的安全文化和要素实施力度大，则所要求的精力和资源应会更少。

然而有一点很重要，只有预期结果值得付出额外的努力，才能继续给组织“增加负担”。因此，增加新要素活动的前提是：(1)评估活动的成本/效益；(2)考虑是否有不必要或可被替代的活动，如果有，那就停止这些活动。

5.3 实施新的基于风险的过程安全要素

RBPS新要素与现有PSM体系的整合会给组织带来挑战和机遇。例如，如果现有体系把重点放在合规性上，那么新要素会大规模扩充体系。另外，下列RBPS新要素(即不在美国职业安全与健康管理局/美国环保署规定模式或1995年化工过程安全中心模式中的要素[本书第4章讨论的])主要处理与人相关的“软性”部分而非与过程相关的或技术领域的“硬性”部分，因此有可能需要不同的实施方法：

- 过程安全文化(《基于风险的过程安全》第3章)；
- 标准符合性(《基于风险的过程安全》第4章)；
- 过程安全能力(《基于风险的过程安全》第5章)；
- 与风险承担者沟通(《基于风险的过程安全》第7章)；
- 操作守则(《基于风险的过程安全》第17章)；
- 衡量和评估指标(《基于风险的过程安全》第20章)；
- 管理审查和持续改进(《基于风险的过程安全》第22章)。

《基于风险的过程安全》提出了RBPS要素的实施方法。其中，每个工作活动中设计的严格程度基于风险确定，根据资源进行调整，并适应设施的文化。因此，适用于特殊工作活动的严格程度会因设施而异，也可能因设施的单元或工艺区域而异。因此，实施RBPS新要素，建议使用以下步骤：

(1) 评估设施的风险，调查RBPS活动实施的资源供需是否平衡，并检查设施的文化。相关更多信息，请参见《基于风险的过程安全》第2.2节。

(2) 通过解决每个要实施的 RBPS 要素的关键原则，估算可能获得的潜在利益。

(3) 根据步骤(1)和步骤(2)的结果，确定《基于风险的过程安全》中所描述的哪些基本特点是管理风险必不可少的。

(4) 对于要实施的每个基本特点，要确定如何实施，并选择《基于风险的过程安全》中相应章节所描述的工作活动。注意此工作活动清单并非适用于所有行业，所以使用者可能需要在所列的工作活动基础上进行添加或修改。

(5) 对于实施的每项工作活动，确定所要求的严格程度。《基于风险的过程安全》里所列的工作活动后面跟着 2~5 个实施选项，它们的严格程度依次增加。

(6) 若适用，在设计、创建、开展和监控新要素以及相关工作实施时应使用 5.1 节中总结的 6 大步骤。

以下章节给出了这些 RBPS 新要素的实施指南和一些实施案例(部分内容摘自《基于风险的过程安全》)。《基于风险的过程安全》相应章节详细讨论了每个要素的内容概述、关键原则、基本特点、可能的工作活动、提高有效性的方法举例、评估指标、管理审查和参考文献。

5.3.1 过程安全文化(领导力、承诺和责任)

过程安全文化的定义为“决定过程安全管理方式的组合价值观和行为的结合”(参考文献 5.1)。更多简明的定义包括“我们在这里如何做事”“我们在这里的期望是什么”以及“当无人监督的时候我们如何表现”。

当团队认识到某些态度和行为会为团队成员带来共同利益时，相关文化会发展起来。在这种情况下，态度和行为会支持更安全的过程操作。当团队加强了这样的态度和行为并习惯了所得的益处时，这些态度和行为会整合到团队的价值体系中(参考文献 5.2)。在特别健全的文化中，根深蒂固的价值观会从团队的行动中反映出来，也期望新人认可这些价值观，从而成为团队的一员。

一个组织的过程安全文化是处理过程风险控制问题的重要决定因素，PSM 体系失效常与文化缺陷有关。

一个组织的过程安全文化基于其基础价值观。成功的文化变革要求：(1)沟通并加强对新态度和行为的期望；(2)这些新态度和行为能带来成功的结果；(3)组织成员认可并接纳所取得的成功(参考文献 5.2)。

领导的作用至关重要，因为它的主要管理责任是：(1)制定标准(过程安全和个体行为)；(2)设定过程安全和健全文化重要性的基调；(3)提供实现期望所需的资源；(4)进行持续和正面的加强。简而言之，领导能够培植健全的安全文化，但无法控制它。艾德加·施恩博士曾说：“可以说，领导唯一真正重要的事情是创造和管理文化……”。

必须通过领导以身作则，在组织的各个层面建立可接受的行为。对所有人必须明确期望行为的理由与其带来的益处。期望行为的正面鼓励和责任必须清晰明确。通过不断强化积极行为，并将这些行为与其带来的重要利益联系起来，管理层逐渐将组织的价值观朝积极的方向改变，使组织文化从规则驱动向基于价值转变。

许多组织已成功建立健全过程安全文化。通常建立这些文化来响应公司过去的重大损失事件，并通过频繁的提及来加强这些文化。

还有一些组织可能以优良的过程安全记录而自豪，为了保持记录，他们可能会设法鼓舞员工保持勤奋和努力(同时设法避免因从前的成功而自鸣得意)。无论哪种情况，组织每位员工的承诺对于实现和维持健全的过程安全文化都至关重要。

在一个大中型的组织中，过程安全文化新要素的实施会涉及许多步骤，并要求几年内全部完成。需要考虑的步骤如下：

(1) 收集文化评估证据

① 对所有层面的员工进行广泛保密性的调查，评估他们认知的文化优势和劣势(例如，根据健全的过程安全文化的 12 个基本特点提出的问题[参见《基于风险的过程安全》的第 3.2 节])。

② 进行组织跨部门的跟进面谈，确定产生造成调查结果的根本原因。

③ 进行工作观察，评估各级员工和各类工作“遵守规则”的情况。

④ 根据 PSM 和 HSE 前导指标评估组织的绩效。

(2) 评估 HSE 技术绩效

审查信息来源，例如，和健康与安全执行局技术绩效及过程安全文化相关的事件与事件调查结果、审核、评估及行动项的完成历史。

(3) 识别和确认文化优势/劣势

⑤ 收集、整理并分析上述信息：

a. 确认文化优势/劣势(例如，可与健全的过程安全文化的 12 个 RBPS 基本特点对比来确认)。

b. 确定优势/劣势的影响因素。

⑥ 确定改进文化劣势和维持优势的方法。

⑦ 在组织内实施程序。

⑧ 跟踪结果，持续改进。

⑨ 每 2~3 年重复步骤①至⑨，直到建立了可持续的、健全的过程安全文化。

文化变革

充分了解组织的一个方法是评估它如何“运行”安全。换言之，判断组织对安全的态度是反应型、依赖型、独立型还是相互依赖型。如图 5.1 所示，杜邦布拉德利曲线给出了每一种态度及其与安全绩效和安全文化关系的详细信息。

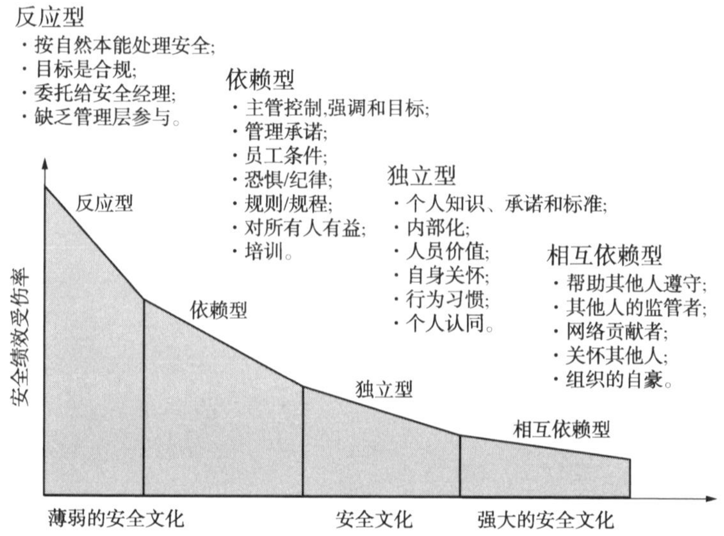

图 5.1　杜邦布拉德利曲线

图 5.2 展示了另一种文化模式，即能源研究所的“赢得人心”计划(参考文献 5.3)。

在考虑如何实施组织的文化变革时，以下摘要很有帮助，其摘自“从过程安全中去掉 FUN(将来、不确定和消极的)”(参考文献 5.4)。

“丹尼尔斯方法”(行为安全)的核心是 ABC 模式，其中 A 代表前提，B 代表行为，C 代表后果。前提为一次特定的行为创造有利的环境。后果是行为的结果，丹尼尔斯提出后果(无论是认知或从前经历的后果)在未来行为管理中起着重大的作用(如塑造决策行为)。

后果可用三个维度进行描述：

- 时间：后果会立即(I)产生还是在将来(F)某个时候产生？
- 可能性：后果产生的概率是确定(C)还是不确定(U)？
- 类型：后果是积极的(P)还是消极(N)的？

“因此，后果可以是立即、确定和积极的(ICP)，或者将来、不确定和消极的(FUN)。重大的文化变更要求从过程安全中去掉将来、不确定和消极的因素。去掉这些因素的结果就是能早期主动地预防过程安全事件，因为决策者们能清楚地看到投资过程安全项目所获得的立即、确定和积极的益处。带有这些因素的后果是疑惑的决策者不会选择投资，因为他们无法看到其益处。”

杜邦布拉德利曲线说明：企业从事安全工作时如何充分了解他们的安全文化。

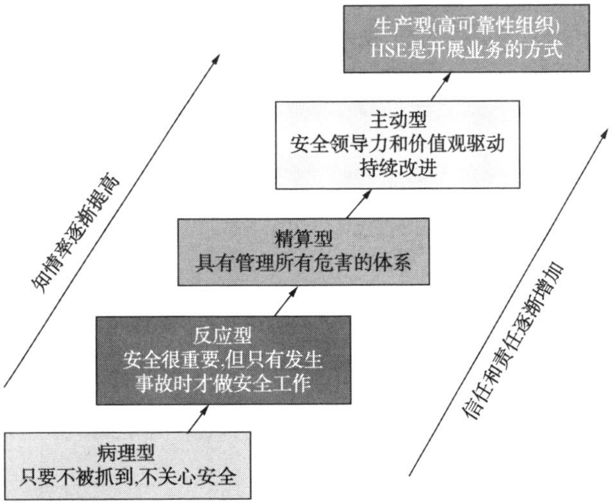

图 5.2　HSE 文化阶梯

5.3.2　标准符合性

RBPS 标准符合性(CWS)要素描述了坚持遵守适用规范、标准、规定和法律、标准体系属性及企业如何实施 CWS 要素的过程。

注：此书中广泛使用术语“标准”。

(1) **规范**：规范通常是重点明确的通用性规定，具有安全性且常侧重于新的建设项目。在美国，规范由美国机械工程师学会(ASME)、美国国家标准学会(ANSI)、美国材料与试验协会(ASTM)、国家锅炉与压力容器检验委员会、美国消防协会(NFPA)等机构发行。

(2) **标准**：标准通常也有确定的重点(包括安全)，但比规范需要更多的解释。它们一般由美国石油学会(API)、氯气研究所(CI)、国际氨制冷协会(IIAR)、纸浆与造纸工业技术协会(TAPPI)等行业组织机构发行。

(3) **法律法规**：这些通常源于政府机构，包括法律法规中的规范型要求或引自现有的具体规范(因此成为法律的一个部分)。

CWS 要求体系识别、制定、获得、评估、宣传和访问影响过程安全的适用规范、标准和法律法规。CWS 涵盖了内部和外部的标准，国内和国际的规范和标准，以及地方、州和联邦的法律法规。CWS 使潜在用户可轻易且快速地获取此信息。CWS 以某种方式与 RBPS 管理体系各个要素进行交互。

如果公司层面完成了 CWS 要素的工作，则责任方保留所有适用要求的清单及所有这些更新文件的副本。该信息通常传达给负责本地合规活动的部门级和装置级人员。

为满足标准更新的要求，应发挥高标准装置的作用，并落实人员职责，这可能需要更专业的标准编制专家和更多的人力资源投入。较低要求的情况会允许装置更加灵活地运用标准，可能需要单个人员为多个装置提供部门级或公司级的顾问服务。

拥有健全过程安全文化的装置一般具有基于绩效的标准程序，这使得受训员工在符合性管理中有良好的判断力。过程安全文化不成熟或处在发展期的装置可能需要更多规范性的标准程序、更频繁的审核及更强大的指挥和控制管理系统功能，以确保标准实施的良好约束性。

对 CWS 要素很重要的另一个常见术语是“公认且普遍接受的良好工程实践”（RAGAGEPs）。RAGAGEP 是一个公认的规范、标准或指南，为设计、制造、安装、维护和设备的检验/测试提供工程惯例。RAGAGEP 可以是强制性的（例如，规定或保险）、建议性的或习惯做法。缺乏良好的 RAGAGEP 程序，符合性工作的有效性和操作安全系数就会降低。

确保适用且合适的 RAGAGEPs 已被充分考虑的步骤如下：

① 开发 RAGAGEPs 的一般知识；

② 确定适用所在企业的设备、化学品或工艺的 RAGAGEPs；

③ 评估各待选 RAGAGEP 的适用范围；

④ 将方法形成文件。

不能过分强调对文档的需求。正确的文档表明已全面考虑了合适的 RAGAGEPs，目标是充分理解并能回答下列问题：

- 哪些组织机构发布了适用于该行业和该类设施的 RAGAGEPs？
- 哪些组织机构发布了适用所在企业的设施所处理的化学品或烃类的 RAGAGEPs？
- 哪些组织机构发布了适用所在企业设施设备类型的 RAGAGEPs？
- 这些组织机构的 RAGAGEPs 的适用范围是什么？

切记，因为标准常提供替代方法，并频繁改变，所以采用某些 RAGAGEPs 时需要解读和判断。

RAGAGEP 程序的共同挑战（尤其在小型设施中）包括：

- 建立全员的 RAGAGEP 意识；
- 建立并维护 RAGAGEP 知识库；
- 为实施适用的 RAGAGEPs 投入所需的资源；
- 处理不完整的文件或空文件（例如，设备设计或制造）；
- 处理不符合 RAGAGEPs 的设备。

当资源严重受限时，维持和利用达到公认标准所需的专业水平是一个重大挑战。

一旦建立了 CWS 要素和 RAGAGEP 程序知识库，就必须维护。一个常见问题是，人员调动或离职导致失去这个知识库。这对只有一两个 RAGAGEP 专家的小装置来说，问题更突出。下列方法可帮助维护程序：

- 在书面工作描述、目标和绩效评估中体现对适用 RAGAGEPs 的持续认知；
- 在新员工的培训中加入 RAGAGEPs 内容；
- 发展各工程专业的专家而非单独发展某个专家；
- 为不同的人员提供参加 RAGAGEP 培训课程的机会；
- 建立来自公司工程部门和承包商的 RAGAGEP 专家网。

最后，考虑实现 CWS 要素或 RAGAGEP 程序的主动符合性。主动符合性可定义为“时刻准备好，避免被动准备”。使用规范、标准和 RAGAGEPs 中的大量知识有助于以最具效益和效率的方式来开展业务，并且避免损失。主动符合性设定了通过使用规范来实现高水平成果的态度，并迫使积极行动方案的制定与实施。

网站上与本书配套的文件《机械完整性测试和检验(MITI)指南》(礼来制药公司提供)提供了使用 RAGAGEP 来实施 CWS 要素的一个实例。

5.3.3 过程安全能力

开发并维护过程安全能力(PSC)要素包括三步：(1)持续增长知识和能力；(2)确保有需要的人可获得合适的信息；(3)不断学以致用。

学习方面包括努力开发、发现或以其他方式增长知识。它的范围很广，从根据具体的要求开发新信息的小任务(例如进行危害识别及风险分析团队所需数据的实验)，到维持并提升整个组织或化工行业某个领域知识库的完善。学习方面还包括保留含继任计划在内的以人为本的知识结构化方式。

PSC 要素与 RBPS 体系关于知识和培训的相关要素密切相关。因为 PSC 要素经常更新信息，所以知识要素提供编写目录和存储信息的方法，以便可以按要求进行检索。PSC 要素主要把重点放在组织学习上，然而培训要素将精力放在发展和维持各员工的能力上。

PSC 要素涉及知识体系的扩展，并在适用时将新获得的知识应用到组织各个部分。最重要的是此要素支持将该过程知识体系应用于帮助管理风险并提高生产装置的绩效。

与其他的 RBPS 要素不一样，“如何”提高 PSC 没有简单的答案。最重要的因素是由高级管理层承诺，支持生产装置各个单元之间及与其他同类设施和公司互相学习和分享新的信息和见解。一旦承诺到位，学习和互动的机会越来越多。一些信息需要通过指导和协作来传递，这些活动常需要管理层积极的支持才能确保成功。与之密切相关的是继任计划，这是一项意向性活动，有助于确保关键岗位由拥有特定知识和经验的人员担任。

注：CCPS(参考文献5.5)开发的“愿景20/20”着眼于不久的将来，在行业、监管机构、学术界和全球社区共同热心的支持下，由五大行业宗旨驱动，由全球四大社会主题来提升的情况下，如何实现卓越的过程安全。五大行业宗旨之一是意向能力发展，确保所有影响过程安全的员工能满足工作所需的技术和行为要求。其底线是：无论文化或管理体系有多好，或公司多么好地遵守了标准，都需要高能力的员工来实施这些体系或标准，所以需要有意向的能力发展。

注：CCPS项目239(过程安全知识和专业指导)将专门讨论在企业内部建立并维持过程安全能力。

5.3.4 与风险承担者沟通

与风险承担者沟通包括：

- 寻找可能受公司操作影响的个人或组织，并与他们进行过程安全方面的沟通；
- 与社区组织、其他公司、专业团队、地方、州和联邦机构建立关系；
- 提供有关公司和工厂产品、工艺、计划、危害和风险的准确信息。

此过程确保管理层为各类企业提供相关的过程安全信息。该要素也鼓励与类似的生产装置和行业组织内其他公司分享相关的信息和经验教训。最后，沟通促进了当地企业的参与，并促进了影响社区的生产活动的开展和信息的交流。

公司培训关键人员在计划生产活动中与重要的利益相关方团队进行互动，并为所有员工提供资源，以便他们与公众进行日常的接触。向高级管理层提供危机沟通和外联培训，帮助处理偶发事件。

在实施沟通要素时，通常高风险情况更需具有正式性和充分性。相反，具有低风险情况的公司可能会以不太严格的方式进行沟通。在沟通要素中，风险有双重含义：(1)经历事件的风险；(2)因公司或行业相关设施的过程安全问题导致利益相关方产生不利反应的风险。更高风险的情况可能需要更加正式的风险沟通程序，此程序向利益相关方不断提供新信息。在较低风险情况中，受过培训的关键员工使用一般社区的沟通政策就已足够。

5.3.5 操作守则(操作纪律)

操作守则(COO)是以审慎和结构化的方式来执行操作和管理任务。有时也称为操作纪律(OD)或操作形式，与企业的文化密切相关。操作守则把追求卓越的任务绩效转变成制度，并尽可能减小绩效的波动。期待各层面员工在履行职责时要保持警醒且深思熟虑，并具备全面的知识、成熟的判断力与适当的自豪感和责任感(参考文献5.6与参考文献5.7)。

为了开发有效的COO要素程序，企业必须首先明确其目标和风险容忍度。考虑到其他要素的输出信息，企业可以制定生产政策和实施程序，并形成编制文件。但政策和程序不应仅是纸面上的文字，员工们必须接受培训，以便理解目标、期望、权限及个人责任。在所有情况下(尤其是在政策或程序未明确规定的情况下)需要采取行动时，员工必须具有良好的推理和判断能力(建立在健全的过程安全文化基础上)。

除此之外，最关键的持续要求是管理人员要树立榜样。如果程序要求员工在规定的紧急情况下需要进行停车，但操作工“克服困难”避免了停车，管理人员还对此进行了称赞，那么操作纪律的执行将会受到影响。即使偏差结果不重要或令人满意，COO和OD也不容忍与批准程序有偏差。因此，在任何情况下管理人员必须要求员工对其行动负责，避免偏差常态化。

CCPS编写的《操作行为和操作纪律——改进工业过程安全》对此要素给出了广泛的讨论和指导。特别是第7章给出了COO/OD系统实施和维护指导。第7章的重点总结在表5.1所示的计划-实施-检查-改进(PDCA)过程中。

表5.1　适用于COO/OD实施的PDCA过程

计划：分析情况，制定计划	• 针对COO/OD的工作目标制定可衡量的工作计划； • 确定受COO/OD影响的过程； • 选择应用COO/OD的区域； • 列出每个过程中目前存在的步骤； • 每个过程形成流程图； • 识别与COO/OD实施相关的问题
实施：执行计划	• 收集当前过程的数据； • 制定实施计划； • 获得批准和支持； • 试验或试运行之后实施所选的解决方案(首先进行PDCA循环)； • 在整个组织内实施变更(随后进行PDCA循环)
检查：评估结果	• 收集有关已修改系统的结果数据； • 分析结果数据； • 是否实现了预期的目标？ — 如果已实现，跳过改进步骤，将目标修改为下一个持续改进的目标，更新计划并重复PDCA循环； — 如果未实现，继续执行改进步骤，修改实施计划，并重复该循环
调整：实施标准化(与持续改进)	• 为全面实施，确定体系变更需求和培训需求； • 对COO/OD体系的持续监督制定计划； • 继续寻求COO/OD的持续改进

5.3.6 衡量与评估指标

衡量与评估指标要素通过建立绩效和效率指标，来监控 RBPS 管理体系的时效性、构成要素及工作活动(参考文献 5.8)。此要素体现了需要考虑的指标、收集数据的频率与使用信息的方式，有助于确保 RBPS 管理体系运行的灵敏性和有效性。

前导和滞后指标的组合通常是全面反映过程安全有效性的最佳方式(参考文献 5.9)，以结果为导向的滞后指标(例如事件率)一般对 PSM 体系的持续改进不是很敏感，因为事件频率不是太高。PSM 绩效衡量要求使用前导指标，例如断路作业的违章率。

当设施进行设计、纠正或提升 PSM 体系时，可建立评估指标(参考文献 5.10)。在系统初始设计和实施期间比较容易建立评估指标(尤其是数据收集和更新机制)。《基于风险的过程安全》每章都有一节列出了该要素关键原则可能的评估指标清单(X.5 节，其中 X 是章号)。可以从这些例子中选择或形成自己的想法。通常首先提出一系列评估指标，然后收集数据，再对这一小组进行测试，以便了解跟踪评估指标数据是否有助于识别管理体系的退化。此评估指标测试应至少持续几个“评估指标更新周期”，最久持续到下次正式的 RBPS 审核。到那时，审核可以显示评估指标是否正确地反映了 PSM 体系的绩效。

有关衡量和评估指标的其他相关信息可在下列资源中找到：

(1) CCPS 出版的《过程安全前导和滞后评估指标——只有衡量，才能提高》(参考文献 5.11)描述了三类评估指标：

- **滞后指标**：滞后指标是一组基于达到严重阈值事件的回顾性评估指标，应作为整个行业的过程安全评估指标的一部分来处理。
- **前导指标**：前导指标是一组前瞻性指标，用来说明关键工作进展、操作纪律或预防事故保护层的绩效。
- **未遂事件和其他内部滞后指标**：这些评估指标描述不太严重的事件(即低于行业滞后评估指标的阈值)或触动一个或多个保护层的不安全状态。尽管这些是实际事件(即滞后评估指标)，但它们通常被认为是可能导致更严重事件的良好指示。

极力建议所有公司将这三种评估指标纳入其内部 PSM 体系中，每一个推荐指标都包含在文中的三个主要部分。

(2) CCPS 编写的《过程安全评估指标指南》(参考文献 5.12)提供了过程安全绩效评估指标，包括评估绩效的综合指标清单与长短期如何成功应用的案例。读者可以使用本书中的指导来帮助确定合适的评估指标，用于绩效监督和过程安全程序的改进。

(3) CCPS 编写的《管理系统整合与提高过程安全绩效指标》(参考文献 5.13) 提到了一项研究进展，即如何组合使用前导和滞后指标来衡量过程安全绩效。许多企业已经创建了过程和人身安全、健康、环保、质量与公共安全(SHEQ&S)小组管理程序，旨在有助于确定 SHEQ&S 小组共同的过程安全评估指标。将这些评估指标加以整合会降低企业整体的运行风险。

(4)《过程安全指标构建：化工和重大危险行业的逐步指导》(参考文献 5.10)，由健康与安全执行局出版的该出版物提出了安全指标构建和实施的六个步骤：①建立指标实施的组织安排；②确定指标的范围；③识别风险管控系统及后果；④识别各个风险管控系统的关键要素；⑤建立数据收集和上报体系；⑥审核。

(5) 经济合作与发展组织(OECD)发行的《与化工事故预防、准备及响应相关的 SPI 程序员发展的行业、公共机构和社区指导》(参考文献 5.9)使用三章内容来帮助代表社区/公众的公共机构(包括应急人员)和企业更好地理解安全绩效指标(SPI)以及如何实施 SPI 程序。许多建议的方法也能用于石化行业评估指标的实施程序中。

(6) 作为推荐惯例，《ANSI/API RP 754 炼油和石化行业的过程安全绩效指标》(参考文献 5.14)描述了四个层次的评估指标，涵盖了前导和滞后指标。

注：《整合管理体系和评估指标以提高过程安全绩效指南》提供了此要素的实施例。

5.3.7 管理审查和持续改进

管理审查是对管理体系是否按预想执行并尽可能有效地产生预期结果进行的常规评估。管理层持续的尽职审查填补了日常工作活动和定期正式审核间的缺口，从而实现持续评估，并指导持续改进。管理审查具有《基于风险的过程安全》第 21 章所述的自主审核的许多特征。它们需要一个类似的体系对 RBPS 的所有要素进行调度、人员配置和有效评估，并且应该有一个体系用于实施任何改进计划或整改措施并验证其有效性。

管理审查与审核的目的一致，即评估整体的 RBPS 要素或具体要素任务实施的有效性。但因为管理审查的目标是发现当前或初始缺陷，所以审查比审核更为广泛和频繁，一般以不太正式的方式执行。

但管理审查与审核一样，应根据既定的要求至少检查一个或多个 RBPS 要素的实施状态。管理审查小组与负责主题要素管理和实施的人员会面：(1)介绍程序文档和实施记录；(2)直接观察条件和活动；(3)回答程序活动的问题。小组试图回答如下问题：

- 我们的程序质量如何？
- 这些是我们想要的结果吗？

- 我们在做的事情是否正确？

也要对组织变更、人员变更、新项目或标准、效率提升及任何其他对主题要素的预期挑战进行讨论，以便管理层能积极主动地解决这些问题。

为现有或预期的绩效差距或低效提出解决建议，并进行职责分配和进度安排。通常使用跟踪审核结果整改措施的系统来跟踪管理审查建议直到解决。每项建议决议的会议记录和文件均按要求保存，以满足方案需要。

应长期监督管理审查结果，如果持续存在明显的问题，则应进行更频繁的审查。

5.4 监控新要素或其工作活动

本书4.6节讨论了监控新的PSM体系的初步实施和绩效。同样，除为新要素(如4.4节所述)建立持续的衡量、管理审查和审核要求外，还要考虑：

- 为收集PSM评估指标、新要素绩效反馈信息和数据建立方案/方法；
- 制定PSM管理审查的初步实施计划；
- 制定PSM要素/活动的初期审核计划。

注：可以借鉴4.6节中关于这些活动的指导内容。

5.5 参考文献

5.1 Jones, David, "Turning the Titanic－Three Case Histories in Cultural Change," CCPS International Conference and Workshop, Toronto, Ontario, Canada, 2001.

5.2 Schein, Edgar H., *Organizational Culture and Leadership*, *3rd Edition*, Jossey－Bass, San Francisco, California, 2004.

5.3 Energy Institute, "Winning Hearts and Minds," London, England, UK, www.eimicrosites.org/heartsandminds/index.php.

5.4 Lodal, Peter, "Take the FUN Out of Process Safety," *CEP Magazine*, American Institute of Chemical Engineers, February 2014, www. aiche. org/sites/default/files/cep/201402261,pdf.

5.5 Center tor Chemical Process Safety of the American Institute of Chemical Engineers, "Vision 2020:, New York, New York, www.aiche.org/ccps/resources/vision-2020.

5.6 International Atomic Energy Agency, *Conduct of Operations at Nuclear Power Plants Safety Guide*, Vienna, Austria, 2008.

5.7 U.S. Department of Energy, *Conduct of Operations Requirements for DOE Facilities*, DOE Order 5480.19 Chg 2, Washington DC, 2001, www.directives.doe.gov/directives-documents/5400-series/5480.19-BOrder-chg2.

5.8 Center for Chemical Process Safety of the American Institute of Chemical Engineers, "ProSmart-The Tool You Need to Improve Process Safety," New York, New York, www.aiche,orE/ccps/prosmart/.

5.9 Organization for Economic Co-operation and Development, *Guidance on Safety Performance indicators: Guidance for Industry, Public Authorities and Communities for Developing SPI Programmers Related to Chemical Accident Prevention, Preparedness and Response*, OECD Environment, Health and Safety Publications, Series on Chemical Accidents, No. 11, Danvers, Massachusetts, 2005, www.oecd.org/chemicalsafety/chemical-accidents/.

5.10 Health and Safety Executive, Developing Process Safety Indicators: *A Step-by-Step Guide for Chemical and Major Hazard Industries*, Norwich, England, UK, 2006, www.hse.gov.uk/pubns/books/hsg254.htm.

5.11 Center for Chemical Process Safety of the American Institute of Chemical Engineer's *Process Safety Leading and Lagging Metrics…, You Don't Improve What You Don't Measure*, New York, New York, January 2011, www.aiche.org/sites/default/files/docs/pages/CCPS_ProcessSafety_Lagging_2011_2-24.pdf.

5.12 Center for Chemical Process Safety of the American Institute of Chemical Engineers, *Guidelines for Process Safety Metrics*, John Wiley &Sons, Inc., Hoboken, New Jersey 2009.

5.13 Center for Chemical Process Safety of the American Institute of Chemical Engineers, *Guidelines for Integrating Management Systems and Metrics to Improve Process Safety Performance*, John Wiley &Sons, Inc., Hoboken, New Jersey, 2015.

5.14 ANSI/API Recommended Practice 754, *Process Safety Performance Indicators for the Refining and Petrochemical Industries*, American Petroleum Institute, Washington D. C., April 2010, www,publications.api.org.

6 提升现有 PSM 要素或体系

6.1 明确提升的要素

PSM 要素或体系的提升若没有管理层的支持是相当困难的。获得管理层支持的第一步是对整个 PSM 计划进行高水平价值差距分析。此分析应不仅确定公司 PSM 计划的符合性差距，而且要显示出效率、通用安全、正常运行时间和成本方面的差距。当然，公司可能只是为满足符合性做一些必要的工作，而非通过降低成本和提高工厂效率等来寻求“额外的”价值。

注：本章侧重于现场现有 PSM 要素或体系的提升。试图在多个现场实施类似行动的跨国公司将面临更多的挑战。

价值差距分析

提升现有 PSM 要素或体系的第一步是决定哪些要素或哪部分体系需要提升。众多方法中最有效果的通常是价值差距分析。提升 PSM 计划的前提是确定价值差距。价值差距分析可基于以前的 PSM 审核结果或单独的 PSM 评估。价值包括提高安全绩效、增加设备利用率或运行时间、成本规避和合规性。PSM 协调人员一般借助工程师、维护与操作人员的重要输入信息来进行价值差距分析。一旦开发，价值差距分析将随着各级管理层的审查而获批。一些 PSM 要素的高水平价值差距分析举例见表 6.1。

全球制药公司礼来公司(Lilly)致力于提升现有的 PSM 体系。这些提升工作包括在牛皮纸上进行“照原样和应该是”的偏差分析。“导图纸”指的是将大量成卷的牛皮纸/厚纸布置在墙上，并在纸上写上“应当”计划。然后，差距分析团队与现场团队一起描述每个装置现场的业务程序步骤。当确定差距后，制定缩小每个差距的行动计划。Lilly 也为每个装置现场配备了至少由 3 个人组成的实施团队执行“照原样和应该是”的偏差分析。每个现场至少由三个实施团队花费 4 周的时间进行一次差距分析，目的是建立实施计划。该计划会将 Lilly 内部的 PSM 程序[即全球整合的过程安全管理(GIPSM)]与现场人员的工作程序相整合。有关 Lilly 公司 PSM 实施和差距分析的更多信息，请参见附录Ⅱ。

表 6.1　高水平价值差距分析举例

PSM 要求-PHA	PSM 要素差距	差距价值	缩小差距的建议
[1910.119(e)(3)]. 过程风险分析应体现： (ⅰ) 过程危害； (ⅱ) 找出曾在工作场所很有可能造成灾难性后果的事件； (ⅲ) 适用于危害及其相关的工程和管控措施，例如应用适当的检测方法进行早期泄漏预警(可行的检测方法可能包括过程监控和带有报警的控制仪表及诸如烃类传感器的检测设备)； (ⅳ) 工程和管理控制失效后果； (ⅴ) 装置选址； (ⅵ) 人为因素； (ⅶ) 对工作场所因控制失效可能对员工的安全和健康造成的一系列影响进行定性评估	当前的 PHAs 未体现以前可能造成灾难性后果的事件	通过识别已发生的危险工况来关闭差距，提高过程的安全性，从而使得 PHA 团队在对现有的不良反应进行 QRA 分析时，考虑这些事件； 关闭此差距也会确保合规性； 关闭此差距也会避免由于不能解决潜在危害(决定严重事故的费用，包括泄漏和潜在伤害)而可能发生事件造成的费用	在所有将来的 PHAs 中审查以前的重大事件及未遂事件
操作限制包括： (A) 偏差后果； (B) 纠正或避免偏差所需的步骤	出现偏差的后果和纠正偏差的步骤，对于操作人员并不容易获取	在培训期间向操作人员提供重要的工具来应对异常或紧急情况，从而关闭此差距，提高过程的安全性； 关闭此差距也会确保合规性； 关闭此差距也会避免因异常工况产生的相关费用。如果该要求到位，就可能避免这些异常(确定工艺异常导致的花费)	更新操作程序，纳入偏离关键工艺变量的后果和纠正或避免偏差所需的步骤
[1910.119(j)(4)]. 检查与测试： (ⅰ) 对工艺设备进行检查与测试； (ⅱ) 检查和测试程序应遵守公认且普遍接受的良好工程实践； (ⅲ) 工艺设备的检查和测试频度应与其制造商建议和良好的工程惯例相一致，如果有必要根据过去的操作经验确定，则应进行更加频繁的检查和测试； (ⅳ) 员工应记录工艺设备上所执行的每个检查和测试。文件应体现检查或测试日期，检查或测试人员的姓名，被检查或测试的设备的系列号或其他识别号，所执行检查或测试的描述及结果	未对进料罐至反应器的工艺管线及反应器进行常规检验和测试	关闭此差距可以提高过程的安全性，因为相关数据可分析出在泄漏之前识别所需的维修或更换； 关闭此差距也确保合规性； 关闭此差距将避免因设备停运和泄漏导致的费用(设备停运与泄漏事件产生的费用)	为反应器管道和相关的反应器建立检查、测试和预防维护(ITPM)程序

续表

PSM 要求-PHA	PSM 要素差距	差距价值	缩小差距的建议
[1910A19(k)(2)]. 许可证：应记载动火作业开始前已执行 29 CFR1910.252(a)的防火措施和保护要求；指明动火作业的授权日期，并确定进行动火作业的对象	动火作业许可证中未体现进行动火作业的对象	关闭此差距会提高过程的安全性，因为每个许可证会清楚地说明进行动火作业的位置； 关闭此差距也会确保合规性； 关闭此差距将避免与潜在火灾/危险化学品泄漏或受伤有关的费用(确定工艺火灾/危险化学品泄漏致伤产生的费用)	建立一个程序，来验证所有动火作业许可证中清楚地标识出进行焊接的对象。员工接受培训并取得动火作业许可证。进行定期审核来确保符合此要求

确定出按 6.2 节所述应进行评估的 PSM 区域后，需要进行价值差距分析。

项目开发的典型做法是进行成本和资源分析来说明合理性。

大部分成本用来支付项目所需员工的工资。根据项目规模，需要 3~7 人的团队和一个全职领导。分配给团队中每个成员的工作时间为 10%~25%不等。

6.2 评估程序以及确定其表现不佳的根原因

6.2.1 程序评估

一旦管理层同意项目的合理性、成本和资源负荷，则应对 PSM 程序进行综合评估，从而提升 PSM 要素或体系。为保证程序各要素评估的公正性，通常邀请第三方参与审查。例如，评估过程可以完全由第三方完成，也可以由第三方领导，或包括第三方的团队成员。

评估应是全面的，而不是只对随机选取的要素或体系进行评估。换句话说，它应比 PSM 标准的偏差分析更加广泛。它应是同一类公司或同行业类似设施的评估基准。引入第三方来进行评估很有益处，因为他们了解其他现场或公司是怎样进行评估的，而公司间的对标数据一般是很难获得的。

在性质上，评估与 PSM 审核相似，但它研究得更深入，它会指出哪里可执行最佳惯例来增强已实现的合规性。评估的一个关键是让有经验的设施人员一起分享经验。如果 PSM 特定区域未按预期工作，设施人员可以帮助阐明问题。

可以使用标准的 PSM 审核表来记录评估结果。评估期间应完成的任务包括：

- 员工一起讨论 PSM 问题；
- 现场人员和评估团队的最佳实践分享；
- 记录审查；

- 回顾以前的审核；
- 员工访谈；
- 审查在用的跟踪系统；
- 现场检查；
- 审查PSM要素的实施情况(MOC、PSSR、安全作业许可证、PHA、检查等)。

PSM评估格式见表6.2。该表为缩略词表，第一列为14个OSHA PSM要素。完整的评估表会给出第一列评估的PSM标准或其他标准的每个要素的所有要求。评估小组将考虑每个任务对每个要素的所有需求。公司会决定是否将建议纳入评估中。可能要求PSM程序实施团队而非评估团队来提出建议。

表6.2 PSM评估流程示例

要　素	PSM评估任务	评估结果	与标准/最佳惯例的差距
[1910.119(c)(1)]员工参与(EP)	1. 员工一起讨论PSM问题——员工对计划是否满意？ 2. 现场人员和评估团队的最佳实践分享——计划是否包括14个法规要素之外的要素？评估团队对现场有何分享？ 3. 记录审查——该计划是否符合当前的实践？ 4. 回顾以前的审核——之前的计划是否有问题？ 5. 员工访谈——是否有未讨论的其他问题？ 6. 审查在用的跟踪系统——不适用 7. 现场检查——不适用 8. 审查PSM要素的实施情况(MOC、PSSR、安全作业许可证、PHA、检查等)——所有的员工是否积极参与了所有要素		
[1910.119(d)]过程安全信息(PSI)	1. 员工一起讨论PSM问题——员工是否满意PSI的完整性？PSI中存在哪些差距？PSI是否可用？ 2. 现场人员和评估团队的最佳实践分享——PSI是否超越了标准？员工可以访问PSI的系统是什么？这些系统是否用户友好？评估团队对现场有何分享？ 3. 记录审查——PSI是最新版吗？PSI是否完整？ 4. 回顾以前的审核——之前的PSI是否存在问题？ 5. 员工访谈——讨论中是否有其他未提到的问题？ 6. 审查在用的跟踪系统——使用什么系统记录图纸更新、SDS更新、文件更新等？ 7. 现场检查——最新的P&ID是否符合现场的最新情况？ 8. 审查PSM要素的实施情况(MOC、PSSR、安全作业许可、PHA、检查等)——是否按MOC要求更新PSI？PHA和检验中使用的PSI是否为最新版		

续表

要　素	PSM 评估任务	评估结果	与标准/最佳惯例的差距
[1910.119(e)(1)]过程风险分析(PHA)	1. 员工一起讨论 PSM 问题——员工对 PHA 的实施是否满意？员工是否充分参与了所有的 PHA？是否与全体员工分享了 PHA 结果？员工是否认为 PHAs 的建议在合适的时间内实施？ 2. 现场人员和评估团队的最佳实践分享——PHA 的范围是否超出标准？PHA 团队成员数目是否超出标准的要求？是否执行了程序化的 PHA？评估团队对现场有何分享？ 3. 记录审查——五年内是否实施 PHA？PHA 的内容是否符合标准？建议是否及时解决并实施？ 4. 回顾以前的审核——PHA 过去有问题吗？ 5. 员工访谈——讨论中是否有其他未提到的问题？ 6. 审查在用的跟踪系统——使用什么系统记录 PHA 的建议？ 7. 现场检查——控制室是否每天进行 PHA？ 8. 审查 PSM 要素的实施情况(MOC、PSSR、安全作业许可、PHA、检查等)——参加 PHA 吗？询问操作人员有关 PHA 的危害工况		
[1910.119(f)(1)]操作程序(OP)	1. 员工一起讨论 PSM 问题——员工是否满意工艺操作程序的完整性？操作程序是否清楚容易理解？当发现更加有效的方式时，员工是否有机会提出更新操作程序的建议？ 2. 现场人员和评估团队的最佳实践分享——操作程序是否涵盖了标准要求？操作程序是否按检查表的格式编制？员工获得操作程序所使用的系统是什么？这些系统是否用户友好？上锁、挂牌、进入受限空间、打开工艺设备或管道和控制进出工艺是否有安全工作惯例？评估团队对现场有何分享？ 3. 记录审查——程序是否持续更新？这些程序是否完整？抽样审查安全工作惯例的完整许可。 4. 回顾以前的审核——操作程序过去有问题吗？ 5. 员工访谈讨论中是否有其他未提到的问题？ 6. 审查在用的跟踪系统——使用什么系统记录程序的更新？或对于新程序呢？ 7. 现场检查——操作程序是否正在使用？ 8. 审查 PSM 要素的实施情况(MOC、PSSR、安全作业许可证、PHA、检查等)——访问控制室的使用程序		

续表

要　素	PSM 评估任务	评估结果	与标准/最佳惯例的差距
[1910.119(g)(1)] 培训(TRN)	1. 员工一起讨论 PSM 问题——员工是否满意培训程序？测试方案是否足以考察人员对所介绍材料的理解？员工是否有机会提出改进培训程序的建议？ 2. 现场人员和评估团队的最佳实践分享——当前培训程序超出所要求的标准吗？培训程序使用哪种电子系统？这些系统用户界面友好吗？评估团队对现场有何分享？ 3. 记录审查——所有复训都是最近的吗？新入职员工培训是否按照现场的培训方案完成？是否根据要求每三年进行一次现场操作程序培训？ 4. 回顾以前的审核——培训过去有问题吗？ 5. 员工访谈——讨论中是否有其他未提到的问题？ 6. 审查在用的跟踪系统——使用什么系统记录要开展的培训？逾期培训课程呢？ 7. 现场检查——评估中有培训吗？脱产培训还是在职培训？ 8. 审查 PSM 要素的实施情况(MOC、PSSR、安全作业许可证、PHA、检查等)、在培训中培训方案有变更吗		
[1910.119(h)(1)] 承包商(CON)	1. 员工一起讨论 PSM 问题——在 PSM 区域工作的承包商是否经过良好的培训？承包商理解 PSM 吗？承包商的安全意识与设施员工的一样吗？ 2. 现场人员和评估团队的最佳实践分享——承包商运用停工权利吗？承包商引入其他工作现场的最佳实践方法吗？评估团队对现场有何分享？ 3. 记录审查——每个合同工的培训记录都是最新的吗？承包商使用既定的测试方案来设定培训程序吗？承包商安全评估指标符合公司的要求吗？ 4. 回顾以前的审核——承包商过去有问题吗？ 5. 员工访谈——讨论中是否有其他未提到的问题？ 6. 审查在用的跟踪系统——使用什么系统跟踪承包商培训及其安全评估指标？使用什么系统跟踪承包商的绩效？ 7. 现场检查——对承包商安全工作惯例进行过审核吗？在承包商工厂所在地进行过审核吗？ 8. 审查 PSM 要素的实施情况(MOC、PSSR、安全作业许可证、PHA、检查等)——承包商遵守包含登录 PSM 在内的所有许可要求吗		

续表

要　　素	PSM 评估任务	评估结果	与标准/最佳惯例的差距
[I910. 119(i)(1)] 开车前安全审查(PSSR)	1. 员工一起讨论 PSM 问题——员工参与 PSSR 吗？开车前进行 PSSR 了吗(当要求时呢)？PSSR 期间听取员工的意见吗？开车前完成所有培训了吗(当要求时呢)？ 2. 现场人员和评估团队的最佳实践分享——为确保符合现场 PSSR 的程序，是否进行了常规审核？使用何种数据库跟踪 PSSR？此系统满足用户友好吗？评估团队对现场有何分享？ 3. 记录审查——是否一直遵守 PSSR 程序？是否及时进行了 PSSR 行动项和培训？每次 MOC 是否都进行了 PSSR？ 4. 回顾以前的审核——PSSR 过去有问题吗？ 5. 员工访谈——讨论中是否有其他未提到的问题？ 6. 审查在用的跟踪系统——使用什么系统记录 PSSR 及其过程？未及时完成安全审查的后果是什么？ 7. 现场检查——进行完整的 PSSR，并根据 MOC 规定检查现场实施情况； 8. 审查 PSM 要素的实施情况(MOC、PSSR、安全作业许可证、PHA、检查等)——观察现场的 PSSR		
[1910. 119(j)(1)] 机械完整性(MI)	1. 员工在一起讨论 PSM 问题——现场有积极的 ITPM 程序吗？ITPM 程序是否体现了现场需遵守的一切行业标准或 API 标准要求？使用什么方案来确定维修或更换设备的时间？ 2. 现场人员和评估团队的最佳实践分享——现场超出行标或 API 标准的要求了吗？现场是否正在使用基于风险的检查(RBI)？现场对 MI 问题是否作保守决定？评估团队对现场有何分享？ 3. 记录审查——工艺管道和容器是否有逾期的检查？设备记录完整吗？ 4. 回顾以前的审核——MI 过去有问题吗？ 5. 员工访谈——讨论中是否有其他未提到的问题？ 6. 审查在用的跟踪系统——使用什么系统更新 ITPM 程序的检查？未及时完成检查的后果是什么？ 7. 现场检查——对现场的 MI 条件进行非正式评估。根据文件的记录，检查现场减压装置。 8. 审查 PSM 要素的实施情况(MOC、PSSR、安全作业许可证、PHA、检查等)——从头到尾跟踪检查工作顺序		

续表

要　素	PSM 评估任务	评估结果	与标准/最佳惯例的差距
[1910.11 9(k)动火作业许可(HWP)]	1. 员工一起讨论 PSM 问题——许可证的使用是否符合现场程序？在确保遵守所有许可要求方面存在哪些问题？ 2. 现场人员和评估团队的最佳实践分享——现场是否遵守行业标准的 HWP 格式？现场是否超出了标准的要求？现场具有确保 HWP 程序符合性的常规审核吗？评估团队对现场有何分享？ 3. 记录审查——现场抽样审查 HWP。 4. 回顾以前的审核——HWP 过去有问题吗？ 5. 员工访谈——讨论中是否有其他未提到的问题？ 6. 审查在用的跟踪系统——使用什么系统记录 HWP 的符合性问题？ 7. 现场检查——检查现场的几个 HWP。 8. 审查 PSM 要素的实施情况(MOC、PSSR、安全作业许可证、PHA、检查等)——对以前和建议的 HWP 获取程序的变更进行审查		
[1910.119(1)(1)]变更管理(MOC)	1. 员工一起讨论 PSM 问题——员工是否参与 MOC？是否及时完成 MOC 的行动项？MOC 期间是否听取了员工的想法？是否及时完成所有的培训？实施前对各提议的变更的潜在危害进行过合适的审查吗？PSM 区域的各现场变更是否完成了 MOC？ 2. 现场人员和评估团队的最佳实践分享——为确保现场 MOC 程序的符合性，进行常规审核了吗？使用何种数据库跟踪 MOC？此系统是否用户友好？当前的 MOC 程序超出标准吗？评估团队对现场有何分享？ 3. 记录审查——现场是否一直遵守其 MOC 程序？是否及时完成 MOC 行动项和培训？每个 MOC 都有 PSSR 吗？ 4. 回顾以前的审核——过去有 MOC 的问题吗？ 5. 员工访谈——讨论中是否有其他未提到的问题？ 6. 审查在用的跟踪系统——使用什么系统更新 MOC 及其行动项？未及时完成行动项的后果是什么？ 7. 现场检查——提问“最近变更是否完成了 MOC？” 8. 审查 PSM 要素的实施情况(MOC、PSSR、安全作业许可证、PHA、检查等)——进行完整的 MOC，验证所有行动项已在现场完成，并按预期形成文件。检查未完成的 MOC 的状态		

续表

要　素	PSM 评估任务	评估结果	与标准/最佳惯例的差距
[1910.119(m)(1)]事件调查(Ⅱ)	1. 员工一起讨论 PSM 问题——员工是否参与了事件调查？事件调查是否及时完成？在事件调查期间是否听取了员工的想法？各重大事故是否进行了调查？现场有受过培训的调查员吗？ 2. 现场人员和评估团队的最佳实践分享——为确保现场事件调查程序的符合性，是否进行了常规审核？使用哪种类型的数据库来跟踪事件调查？此系统是否用户友好？当前的事件调查程序超出标准吗？评估团队与现场有何分享？ 3. 记录审查——现场是否一直遵守事件调查程序？是否及时完成了事件调查？事件调查是否发现了根原因？ 4. 回顾以前的审核——过去的事件调查有任何问题吗？ 5. 员工访谈——讨论中是否有其他未提到的问题？ 6. 审查在用的跟踪系统——使用什么系统跟踪事件调查？未及时完成事件调查的后果是什么？ 7. 现场检查——审查最新事故的现场。 8. 审查 PSM 要素的实施情况(MOC、PSSR、安全作业许可证、PHA、检查等)——尽可能从头至尾完成一次事故审查		
[1910.119(n)]应急预案和响应(EPR)	1. 员工一起讨论 PSM 问题——员工参加 EPR 吗？定期进行演练吗？ 2. 现场人员和评估团队的最佳实践分享——外部机构参与 EPR 演练吗？外部机构是否接受过现场可能出现的危害泄漏场景的培训？评估团队对现场有何分享？ 3. 记录审查——EPR 设备是否按要求进行了检验？所有的 EPR 培训是最新的吗？培训的程度符合标准要求吗？EPR 演练的范围和频度符合标准吗？ 4. 回顾以前的审核——应急预案与响应过去有问题吗？ 5. 员工访谈——讨论中是否有其他未提到的问题？ 6. 审查在用的跟踪系统——使用什么系统记录 EPR 演练评判行动项？记录事件调查的 EPR 行动项呢？未及时完成行动项的后果是什么？ 7. 现场检查——检验 EPR 设备； 8. 审查 PSM 要素的实施情况(MOC、PSSR、安全作业许可证、PHA、检验等)；参加常规的 EPR 会议		

续表

要　素	PSM 评估任务	评估结果	与标准/最佳惯例的差距
[1910.119(o)(1)] 合规性审核(CA)	1. 员工一起讨论 PSM 问题——员工是否参与了 CA？与所有员工分享了 CA 的结果吗？CA 包含 PSM 标准的所有要素和要求吗？ 2. 现场人员和评估团队的最佳实践分享——是否使用了第三方进行 CA？现场是否超出此标准？评估团队对现场有何分享？ 3. 记录审查——之前的 CA 是否及时完成？是否根据要求在三年完成了 CA？各 CA 是否包括标准的所有要求？ 4. 回顾以前的审核——CA 过去有问题吗？ 5. 员工访谈——讨论中是否有其他未提到的问题？ 6. 审查在用的跟踪系统——使用什么系统记录 CA 行动项？未及时完成行动项的后果是什么？ 7. 现场检查——询问设施人员对过去 CA 的了解。 8. 审查 PSM 要素的实施情况(MOC、PSSR、安全作业许可证、PHA、检查等)；跟进 CA 的行动项，验证其已按预期完成		
[1910.119(p)(1)] 商业秘密(TS)	1. 员工一起讨论 PSM 问题——因商业秘密而不向员工提供信息吗？ 2. 现场人员和评估团队的最佳实践分享——评估团队与现场有何分享？ 3. 记录审查——是否有问题？ 4. 回顾以前的审核——TS 过去有问题吗？ 5. 员工访谈——讨论是否有其他未浮现的问题？ 6. 审查在用的跟踪系统——有任何问题吗？ 7. 现场检查——不适用； 8. 审查 PSM 要素的实施情况(MOC、PSSR、安全作业许可证、PHA、检查等)——不适用		

公司可根据第 6.1 节所描述的价值差距分析结果，来限定 PSM 评估的范围。可使用价值差距分析为 PSM 程序改进团队设定优先级。差距越大(安全、规定、费用)，优先级越高。当资源有限且与其他重要举措形成竞争时，使用此工具来设定优先级则更加重要。

6.2.2　绩效差距的根原因

公司可以选择不同的方式来确定所识别差距的根原因。评估出的绩效差距一般可表明管理体系的薄弱环节。这意味着根原因超出了管理层的管控范围。图 6.1 反映了确定根原因的典型流程图。

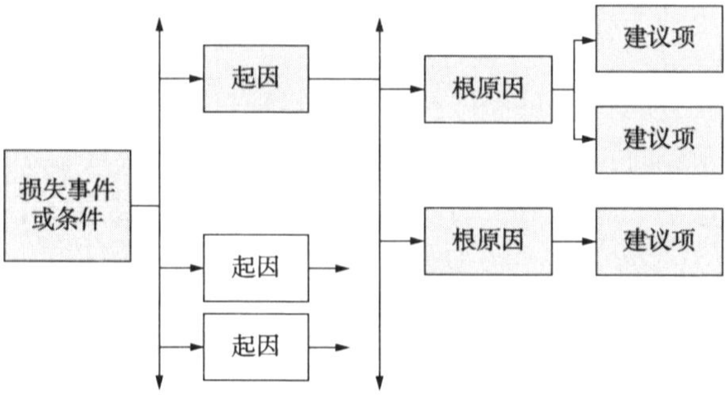

图 6.1　根原因确定的流程图

用流程图中的损失事件或条件表示绩效差距。起因是设备或人员的绩效差距。

根原因分析(RCA)的目标是确定所能采取的措施，使一线人员消除或控制导致失败的因素。

RCA 的建议项可分成以下四级：

一级，描述起因(一线人员绩效差距或设备性能差距)；

二级，描述具体问题的原因；

三级，解决现有类似的问题；

四级，纠正产生这些问题的业务程序(根本的管理体系绩效差距)。

为确保 PSM 程序的 RCA 过程有效，必须为每个重大要素或程序差距确定第四级建议项。第四级建议项用于纠正管理体系的问题，这些问题导致了公司 PSM 的绩效差距。如果建议项复杂(即不简单、不直接与不明显)，应进行试运行以确保它们能解决这些管理体系问题。

6.3　提升 PSM 程序

6.3.1　团队章程

在选择改进 PSM 程序的团队之前，应制定团队章程。章程最初可由项目所有者(例如现场经理、区域经理、SHE 经理)在现场的 PSM 协调员或经理的协助下制定出来。章程应记录团队目的，并清楚地定义职责和规则，也应为团队沟通、汇报和决策建立程序。章程可包括以下内容：

(1) **目的**：描述团队目的和预期结果。确定目的和预期结果需要投入大量精力，包括寻求企业中所有专业的支持。团队目的以关闭 PSM 程序的关键差距为中心，同时提出相应建议。

(2) **背景**：对团队支持的项目进行总结，说明团队如何适应组织架构，及如何确定项目客户。

(3) **范围**：描述范围、目标以及团队在实现目标中的作用。确定团队必须实现的目标。确定 PSM 程序、体系和要素以及将会或不会被影响到的位置、设施和单位。本节给团队指明了期望的方向，但也留有足够空间让团队确定达到预期结果的路径。

(4) **团队组成**：确定：(a)团队代表的职能区域；(b)每个区域的成员数量；(c)核心成员与支持或顾问成员；(d)全职或兼职要求；(e)项目预计所需的时间及资源承诺。

(5) **成员职责**：确定每个成员的职责。这是团队章程的一个重要部分，它有助于确保团队成员的工作不重叠，并且清楚说明每个成员预期完成的工作。

(6) **团队授权**：确定团队的授权级别。让团队成员清楚他们“完成工作”时拥有的权利是非常重要的。让其他职能区域明白这一点也很重要，从而避免混乱或冲突。

(7) **团队运作**：描述团队的运作结构。例如，决策(一致同意或少数服从多数)过程、建立基本规则或运作指南的计划、后勤支持需求等。当允许团队自己建立规则时，他们的效率最高。因此，一旦确定计划，本部分应由团队来编制。

(8) **团队绩效评估**：记录团队成功所需的关键绩效领域以及衡量进展的方法。KPI 应包括时间安排、针对符合性差距制定的解决方案的数量、成本节约及按公司指标衡量的安全改进(与效率提升)。

(9) **节点和进度安排**：包括作为项目进度安排的主要活动和节点。团队需要知道项目各阶段预期交付的时间。节点也是良好的检查点，团队可以审查节点的最新进展，并向管理人员展示所完成的工作。

(10) **报告**：确定最终报告交付前的项目汇报方法和频度。项目的透明有助于确保在团队活动的最后阶段不会发生意外。

(11) **签字页**：每个团队成员应签署章程，表明同意其内容。这有助于确保他们对项目的所有权。

(12) **审批**：项目所有者批准团队章程，包括同意上述要求。

6.3.2 团队的形成

一旦完成评估并制定了章程，应成立 PSM 程序改进团队(或有类似名称的团队)。评估的结果和价值差距分析(其结果将包括在章程中)对团队的组成有重大影响。要求抽样调查现场员工，从而实现章程中描述的目标。这样的员工可能包括但并不限于以下人员：

- PSM 协调员；
- 维护计划员；
- 可靠性/检查专家；
- 机械、电气和仪表技术员；
- 操作员；
- 区域经理；
- 工程师；
- 主管；
- 安全、健康和环保人员；
- 有 PSM 专业知识的第三方代表。

较宽泛的范围(包括多数 PSM 要素)要求庞大的团队或由几个专家子团队组成的团队。更有针对性的范围(例如机械完整性相关)则需要规模小且更集中的团队。

应指派一个团队领导。优秀的候选人包括 PSM 协调员/经理、工程/操作/维护经理或现场其他名副其实的“领导”。

为该任务选择正确的团队

有效的过程改进团队的一般特点包括以下四方面。

- **相关专业知识**：无论建立新体系或修改现有体系，责任人员必须具有足够的经验和判断力来提供有意义的信息。所有团队成员的经验可以提高可靠性，并增强整个团队工作的信心。
- **利益相关方代表**：每个程序有业主、客户和供应商，只要可能，应保证所有这些利益相关方在 PSM 程序改进小组中有代表。这些代表可以提高整个团队和工作的透明度、信任和信心。
- **充分授权**：PSM 程序改进常需要跨组织工作，在一些公司，这要求有具体的授权。另外，为了高效，团队及其领导应有足够的权力来完成任务，而无需每步都得多次审批。
- **明确使命**：与其他团队结构一样，团队成员需要清楚地理解其章程、职责和限制。

在考虑团队组成时，可能会发现迄今为止，PSM 工作中出现了许多候选人员。因为 PSM 评估团队先接触项目，所以逻辑上他们是项目改进团队的领导，他们的持续参与有助于加强一致性。

6.3.3 项目启动

制定章程并组建团队后，就可以开始对利用价值差距分析和 PSM 评估优先选出的 PSM 程序进行改进了。团队初次会议应包括的主题如下：

- 章程审查；
- 进一步完善的范围；
- 基本规则设定；
- 由管理层期望的团队领导主持的讨论(例如，积极参与、时间分配、领导力、以结果为导向的活动)；
- 团队需要的培训(PSM，团队合作等)；
- 预期结果，包括最终的工作成果。

6.4 开发要素或体系的提升解决方案

6.4.1 团队输出信息

一旦设定了范围，团队将根据 PSM 评估的结果展开行动。团队将决定如何管理范围内的各部分，其中可能包括为各要素发展子团队。

团队成员将使用 PSM 评估的建议，或根据他们对设施系统的了解和经验来提出自己的建议。

最有效的团队是工作团队，而不是指派任务的团队。工作团队就是那些按建议项而行事的团队，并帮助确保按照预期(或接近团队想要的)去实施行动项。在实施阶段，工作团队与区域团队合作，提供所需的专业知识和帮助。工作团队一般需要区域团队人员的协助来完成工作，直至工作完成。整个过程中应制定并跟踪行动优先级设定计划，并为行动计划分配负责人、确定完成日期。所有团队行动应使用跟踪数据库。

团队的建议必须可行，并能关闭评估所确定的差距。可接受的建议必须：

- 为降低一个或多个起因(或根原因)的频度或后果提出几个选择；
- 清楚地陈述计划的行动项；
- 切实可行，可实现；
- 不会造成其他不可接受的风险；
- 根据评估/差距分析所收集的数据得出结论；
- 提供需要完成的总体目标，并附如何成功完成的具体示例。

6.4.2 建议项的管理职责

管理是项目成功的关键。为此，管理层必须愿意对评估/差距分析中所确定的差距负责，并愿意落实评估意见和管理团队建议。就建议而言，管理人员的责任包括：

- 审查建议，评估其可行性、实用性和有效性；

- 制定可接受建议项实施的进度安排;
- 指派人员负责实施可接受的建议;
- 作为管理变更项目的建议进行评估(当合适时);
- 向相关人员提供与建议相关的必要培训;
- 形成决议文件;
- 跟踪建议项直到完工;
- 寻找机会降低其他体系中的风险。

6.5 监控要素或体系的提升

6.5.1 根据既定标准检查结果

当 PSM 程序改进项目即将完成时,根据章程中既定的标准来检查结果是否满足要求是有益处的。这时会发现在整个项目期间实施定期审查计划很有帮助。同样,你需要确保制定的操作能够体现在规划过程中确定的优先级。

根据这些标准进行定期检查,可实现在全面实施前进行任何必要的改进或调整。同时,也应考虑所有体系要素的最终全面验证,确保其正确整合。

6.5.2 实施的衡量和监督

在新的 PSM 体系成功测试并完善后进行实施时,说明团队已通过了一个重要的节点。这值得庆祝,但仍然有许多工作需要做。可喜的是现在可以将多数精力从 PSM 团队转移至生产装置。所以,相应责任就从项目指导转变为对本地实施的支持和监督。PSM 的实施将会在整个公司进行。PSM 设计和发展无论选择了集中还是分散的方法,实施必须在装置级进行。重要的是记住各个生产装置是其现场 PSM 体系的最终建设方和运维者,必须担当实施期间的责任。然而,在此阶段仍需要总结进展,确保符合原 PSM 计划的目标。对 PSM 实施的衡量和监控有助于确保一致性和质量控制;另外,有效的监控有助于使花费和进度安排正常进行。实际上,这些活动保护了个人、团队以及公司在工作过程中已做的投资,因此值得持续关注。

6.5.3 评估指标

需要评估指标来帮助监控 PSM 程序的绩效。PSM 评估指标的一些重要的信息资源如下:

- CCPS 评估指标网站,www. aiche. org/ccps/aearch/metrics,此网站提供了大量的信息,包括有关本主题的手册、介绍和会议纪要;
- CCPS 编写的 40 多页的小册子,标题为《过程安全领先和滞后指标——只有衡量,才能改进》(参考文献 6.1);

• CCPS 编写的《过程安全评估指标指导》(参考文献 6.2) 提供了过程安全绩效指标的基本信息，包括绩效评估指标综合清单和如何实现长短期成功应用的例子；

• 同样，ANSI/A PI RP 754（参考文献 6.3) 提供了四个层次的评估指标。

6.5.4 用户反馈和跟进

为使管理体系有效运行，用户必须接受体系并协助体系的持续改进。因此，在 PSM 体系实施并运行一段时间后，应考虑获取"用户"反馈。使用新的 PSM 体系进行输入信息、使用信息或接收报告的任何人的反馈可大大提高有效性。关于如何改进或简化体系，虽然用户可能不太理解体系的重要性或他们在体系实施中发挥的作用，但他们可能会给出重要的建议。同时，征求用户反馈信息并遵照行事有助于提高 PSM 的协作水平。

现场开展审查期间进行访谈时可得到用户反馈。但有可能访谈对象只是少数接触 PSM 体系的人员。为了获取更多的信息，应该考虑做一个正式的用户调查。书面调查要求对 PSM 体系做出反馈，询问其清晰程度、易用性、体系培训质量、保护措施的使用效果、符合目标的有效性、建议的修改项和改进。这些类型的调查一般混合了开放性和"是、否"问题，分发至所有体系用户。这些调查往往简短，鼓励参与。

用户调查的结果不应作为体系成功的"合格/公平"测试。相反，应将结果作为帮助完善体系的方式。为充分利用这次调查，保留定量结果以便与以后的调查做比较，以帮助衡量持续改进的进展。

如果决定进行 PSM 用户调查，则记住有必要向调查对象及时提供有关调查结果、行动计划或体系变更(若有的话)的反馈意见。如果用户看到他们提供的信息有价值和影响力，他们更易形成所有权意识，这有助于促进 PSM 体系的长期成功。

PSM 体系的实施并不代表体系完善，而是持续改进的开始。随着时间的推移，所有的管理体系都会改进。即使设计出一个"完美的"体系，业务条件、人员、组织结构、规定和技术知识的改变也要求 PSM 体系随着时间的推移而发展。应定期评估 PSM 体系，确定改进机会。PSM 审核期间发现的缺陷可以突出体系改进的需求。PSM 审核在 CCPS 编写的《过程安全管理体系审核指南(第二版)》(参考文献 6.4) 中进行了详细讨论。

6.6 参考文献

6.1 Center for Chemical Process Safety of the American Institute of Chemical Engineers, *Process*

Safety Leading and Lagging Metrics…You Don't Improve What You Don't Measure, New York, New York, January2011, www.aiche.org/sites/default/files/docs/pages/CCPS_ProcessSatety_Lagging_2011_2-24.pdf. www.aiche.org/sites/default/files/docs/pages/CCPS_ProcessSatety_Lagging_2011_2-24.pdf.

6.2 Center for Chemical Process Safety of the American Institute of Chemical Engineers, *Guidelines for Process Safety Metrics*, John Wiley & Sons, Inc., Hoboken, New Jersey, 2009.

6.3 ANSI/API Recommended Practice 754, *Process Safety Performance Indicators for the Refining and Petrochemical Industries*, American Petroleum Institute, Washington D.C., April 2010, www.publications.api.org/.

6.4 Center for Chemical Process Safety of the American Institute of Chemical Engineers (AIChE, *Guidelines for Auditing Process Safety Management Systems*, *2nd Edition*, John Wiley & Sons, Inc., Hoboken, New Jersey, 2011.

7 整合 PSM/HSE 和业务管理系统

何为业务管理系统(BMS)? 一些典型的定义如下:

- "用于战略制定、部署、执行及所有相关的管理活动的一系列政策、惯例、规程和程序"(www. BusniessDictionary. com);
- "用于建立政策、目标和实现目标的一系列相互关联或相互作用的要素"(ISO 9000: 2000);
- "建立机构的政策、目标和实现目标所需的结构、过程和资源"(特许质量协会);
- "用于战略制定、部署、执行及所有相关的管理活动的政策、惯例、指南、规程和程序在战略计划和战术实施时的一系列工具。"(www. MyManagementGuide.com);
- "用于战略制定、部署、执行及所有相关的管理活动的政策、惯例、指南、规程和程序在战略计划和战术实施时的一系列工具。"(法律词典)。

许多公司已将 BMS 作为提高其运营绩效、一致性、效率和其他方面的一种工具。多数有 PSM/HSE 体系的公司已认识到: (1)BMS 和 PSM/HSE 体系间存在很多相互作用, 会对 PSM/HSE 体系产生潜在的负面影响; (2)PSM/HSE 体系与 BMS 整合的重要性。

本章: (1)侧重于 BMS 和 PSM/HSE 体系间可能的相互作用及产生的潜在负面影响; (2)讨论如何预防或最小化负面影响; (3)提供 PSM/HSE 与 BMS 整合这一重要主题的通用指导。

7.1 与企业价值观及方针的联系和冲突

由于自由企业体系中任何业务的主要目标之一是要获得利润来维持业务, 企业和员工总是很自然地把重点放到该目标上, 从而牺牲其价值观和政策(如努力实现零伤亡, 尽量减少过程安全事件、保护社区和环境等)。换言之, 公司太注重利润而忽略了安全。

大多数企业都有自己的使命/愿景来团结和引导他们。这些使命/愿景应包括对员工、承包商、社区和环境的价值观，尤其是在业务过程中处理或生产危险物品的公司。这些公司必须将这些价值观放在利润之上，并理解这些价值最终会带来业务盈利。另一方面来说，将利润置于价值观之上最终会导致业务失败。有关过程安全文化及其对过程安全绩效重要性的更多信息，请参看本书的第 3 章、《基于风险的过程安全》第 3 章与其他参考资料。

7.2 业务管理系统工作活动的类型

典型的 BMS 内存在多种类型的体系与活动，其中大多数会影响 PSM 体系和 PSM/HSE 的绩效。如果活动或与 PSM/HSE 的关系管理不当，那么这些影响是负面的。以下列出了这些活动可能的行为、潜在的 PSM/HSE 影响以及为避免或将负面影响降到最低需考虑的事项。

(1) **业务模式/利润和损失目标**。公司的业务模式，尤其是盈亏目标的设定方式，可能会导致内部组织面临消极的行为，对 PSM/HSE 造成负面影响。表 7.1 概述了预防或降低这些行为或影响的示例及措施。

(2) **预算**。与业务模式的方式不同但结果类似，公司/业务/现场的预算过程可能导致负面的行为和 PSM/HSE 影响，这些影响可以通过类似措施进行预防或降低。如表 7.1 所示。

表 7.1 业务模式和预算的行为、影响及预防性措施

可能的行为	潜在的负面影响	预防性措施
更加注重利润而非 PSM/HSE 绩效	过程安全文化不健全	• 建立健全过程安全文化(参见第 5 章)； • 提醒利益相关方的使命/愿景/价值观和过程安全需求，以实现商业价值
不愿增加 PSM 新要素	缺乏对 PSM/HSE 的持续改进	• 确保定期考虑增加 PSM 新要素/活动[例如，建立管理审查和持续改进要素(参见第 5 章)]； • 实施过程安全评估指标(参见第 5 章)并制度化，以确定和推进机会，包括 PSM 新要素或活动
为了短期利润而推迟与 PSM/HSE 相关的大量持续支出(例如，反复推迟大修，计划的预防性维护，喷漆)	泄漏事故或设备损失事故增加	• 实施过程安全评估指标(参见第 5 章)并制度化，包括根据 PSM 体系的要求来执行常规维护、规定的检验/测试和跟进维修； • 建立健全过程安全文化(参见第 5 章)，包括对管理层(决策者)进行过程安全的教育
当没有足够的人员来维持或实现计划的 PSM 体系改进时，却仍保持或降低“总人数”	所有上述内容	所有上述内容

（3）**资本支出(Capex)**。资本支出的过程和活动等级通常由公司工程小组制定，并由这些小组和各项目团队来驱动。资本支出可能推动项目成本最小化，项目进度停滞不前以及进行不适当的 MOC 审查等行为，所有这些行为会以某种方式弱化 PSM 体系。有关这些行为、影响和预防性措施的更多信息，如表 7.2 所示。

表 7.2　资本支出行为、影响及预防性措施

可能的负面行为	潜在的负面影响	预防性措施
最小化项目成本	• 安装最便宜(而非最具成本效益)的设备，导致故障/事故增加； • 无法提供全面完整的项目文档，导致过程安全的初始信息和持续过程都不准确	• 建立健全过程安全文化(参见第 5 章)； • 实施严格的资产完整性和可靠性要素(参见《基于风险的过程安全》第 12 章)
保持项目进度	• 在缺乏设计资料和过程安全信息的情况下开展 PHA； • 项目安装审查(整改清单)、PSSR 以及设备或系统功能检查不充分，导致不当操作和故障/事故增加	• 建立健全过程安全文化(参见第 5 章)； • 制定项目管理工作程序，在程序中建立 PSM 要素的期望(PSI，PHA，操作程序，培训，MOC，PSSR，MI 等)
MOC 审查不充分	• 未按 PSM 体系的要求充分审查大型项目和变更，导致设计不充分、故障/事故增加	• 实施并维护严格的 MOC 要素(参见《基于风险的过程安全》第 15 章)； • 制定项目管理工作程序，在程序中建立 PSM 要素的期望(PSI，PHA，操作程序，培训，MOC，PSSR，MI 等)

（4）**质量**。尽管质量体系(例如 ISO 9001)和 PSM/HSE 体系可以成功地整合，但质量体系有时与 PSM/HSE 体系脱节，并有冲突，这可能会使企业面临消极的行为，并且对 PSM/HSE 造成负面影响。表 7.3 列出了预防或减缓这些影响的措施。

（5）**信息安全**。企业内 BMS 中与信息安全相关的活动一般不成问题。但因“保密”或“商业机密”的顾虑无法充分或轻易地与员工或承包商(他们需要所从事工作的信息)分享 PSI 或其他 PSM 信息而导致极端行为时，则与预期的目标产生了差距。因此，应开放信息渠道，可以使用培训或保密协议来确保对敏感信息的管控。

（6）**信息技术(IT)和信息管理体系(IMS)**。正如第 4 章所讨论的，现代的 PSM 体系通常在操作前需要使用一些 IT/IMS 工具来取得成功。相反，IT 和 IMS 小组有时具有过度的自治权和缺乏用户重心，从而导致“主次颠倒”。换言之，这可能导致难以获得、实施和支持所需的以客户为基础的所有工具(或至少导致重大延迟以及额外的努力）。因此，企业建立健全安全文化（详见第5章），特别是要不断培育以安全为核心价值的企业文化至关重要。

表7.3 质量体系的行为、影响及预防性措施

可能的行为	潜在的负面影响	预防性措施
相比PSM/HSE绩效，对产品质量的注重或讨论偏多	过程安全文化不健全	• 建立健全过程安全文化（参见第5章），可促使人们理解质量与过程安全风险的关系
为“言行一致”而尽可能减少规程或政策文件中的细节	操作问题、泄漏和设备失效问题增加	• 制定并遵守操作守则和操作纪律（参见第5章）
过分强调“质量关键”参数、仪表等（减少PSM/HSE相应内容）	减少对PSM/HSE关键参数、仪表等的注意力，导致过程安全事件和设备失效率增加	• 建立和维护强大的过程知识文档和操作程序（参见《基于风险的过程安全》第8至第10章）； • 实施和维护严格的资产完整性和可靠性要素（参见《基于风险的过程安全》第12章）

（7）**人力资源（HR）**。在一些组织机构里，HR负责招聘、培训、晋升、纪律和退休，这些对PSM/HSE体系和绩效的潜在负面影响微乎其微。表7.4列出了潜在的与人员相关的BMS行为、负面影响及预防性措施。

（8）**招聘和职业发展**。人力资源管理系统或其他相关部分通常涉及招聘（工资、薪水、技术和管理人员）和职业发展。招聘和职业发展可能导致负面的行为与PSM/HSE影响。表7.4列出了这些影响及预防性措施。

（9）**能力**。同样，BMS内与能力相关的活动（或缺乏）会导致负面行为，并对PSM/HSE产生负面影响。表7.4列出了这些负面行为/影响及预防性措施。

（10）**实习与轮岗**。最后一个与人员相关的BMS活动是实习与轮岗。在许多情况下，这方面的“规则”是以长期的劳工合同为基础的，在过去企业可能提出过挑战。无论如何，过度依赖实习计划（牺牲个人的能力）或过度限制轮岗会对PSM/HSE产生重大的负面影响。表7.4列出了这些影响与预防性措施。

（11）**可持续发展**。“可持续性”是石化化工行业的一个共同目标，通常侧重尽量减少生产过程中产生的废物和污染，从而确保长期的高效运行。但不应该只因活动能使过程或操作更具有可持续性就认定其符合PSM体系要求。例如，许多设施/过程开始利用风机和真空泵等设备将公共总管内的工艺放空物料连通至火炬。在许多情况下，这些“环境改进”项目未经过充分的MOC审查和PHA，可能导致物料排放系统发生爆炸（有关此重要主题的更多信息，请参看CCPS出版的《过程放空阀与排放控制体系的安全设计与操作》[参考文献7.1]）。因此，企业必须确保任何人任何时刻都遵守PSM要求，尤其对新建或改造的设施进行MOC审查的时候。

表 7.4　与人员相关的行为、影响及预防性措施

可能的行为	潜在的负面影响	预防性措施
当没有足够的人员来维持或实现计划的 PSM 体系改进时，却仍保持或降低“总人数”（例如没有招聘额外的人员或替换终止合同人员或退休人员）	• 不健全的过程安全文化 • 可供人员不足，导致操作问题、泄漏事故和设备故障增加	建立健全过程安全文化（参见第 5 章），包括组织变更管理体系
实施操作工或技术人员的培训体系，注重获得职位的时间、测试或技能展示，但不注重程序维护和个人能力	培训不足或理解不到位，导致操作问题、泄漏事故和设备故障增加	实施并维护严格的培训和绩效保证要素（参见《基于风险的过程安全》第 14 章）
升职基于结果和人员受重视程度，几乎不考虑他们的 PSM/HSE 绩效和优先级	• 过程安全文化不健全； • 监管人员缺乏 PSM/HSE 能力，导致操作问题、泄漏事故和设备故障增加	• 建立健全过程安全文化（参见第 5 章）； • 实施过程安全能力要素（参见第 5 章）
对 PSM/HSE 绩效不佳或违反基本规则的情况，不鼓励或限制使用纪律处罚	• 过程安全文化不健全； • 持续不佳的 PSM/HSE 绩效，导致过程安全事故、受伤和未遂事件增加	• 建立健全过程安全文化（参见第 5 章）； • 实施操作守则和操作纪律要素（参见第 5 章）
不鼓励且不支持职业发展	在工程师培训、标准符合性的了解与总体过程安全能力等区域存在薄弱环节，导致 PSM 体系更加薄弱、过程安全事故增加	• 实施并维护严格的培训和绩效保证要素（参见《基于风险的过程安全》第 14 章）； • 实施标准符合性要素（参见第 5 章）； • 实施过程安全能力要素（参见第 5 章）
缺乏对过程或公司技术管理与技术手册或文档的支持	过程安全能力差、缺乏学习型组织，导致故障、操作异常和事故增加	实施过程安全能力要素（参见第 5 章）
在整个实习计划中仅依据人员的进步来安排人员的工作和职责	培训不足或理解不到位，导致操作问题、泄漏事故和设备故障增加	实施并维护严格的培训和绩效保证要素（参见《基于风险的过程安全》第 14 章）
过度限制轮岗（例如，现场和控制室之间或过程之间）	缺乏深度的过程及其操作知识，导致操作问题、泄漏和设备故障增加	实施并维护严格的培训和绩效保证要素（参见《基于风险的过程安全》第 14 章）

（12）**变更管理**。在一些组织中，业务驱动的变更管理理念与 PSM MOC 的要求是不一致的。例如，公司可能会为自己能够迅速作出组织变革而自豪，以便在市场条件变化或新产品上市时获得竞争优势。这种变化可能会产生负面的 PSM/

HSE 影响，特别是 PSM/HSE 关键责任人转岗或因新的、额外的责任超负荷工作的时候。这些负面影响可通过以下措施避免或减少：①建立健全过程安全文化(见第 5 章)；②确保 PSM 体系程序和工作流程(如适用)得到充分的记录和遵循(见第 4 章)。

(13) **资产管理**。许多企业/现场的业务管理系统包括资产管理要素和活动。只要它包含的原则或活动与组织 PSM 体系中的 MI 程序(或资产完整性、可靠性程序)的要求不冲突，就不会有问题。至于其他与 PSM 或 HSE 要求相冲突的 BMS，应优先考虑 PSM/HSE 要求，并建立健全过程安全文化(见第 5 章)。

注：尽管 PSM/HSE 要求应优先考虑，但并不是所有的 PSM/HSE 问题都是要求。有些是好的做法，有些是可用选项。选择一个最适合 BMS 并符合要求的 PSM/HSE 最好。

(14) **购买商品和服务**。另一个常见的可能与 PSM MI(或类似)元素交叉或冲突的 BMS 要素是购买商品和服务。表 7.5 中提供了潜在的采购 BMS 行为、负面影响和预防措施。

表 7.5　购买、供应链、客户服务方面的行为、影响及预防性措施

可能的行为	潜在的负面影响	预防性措施
在不考虑 PSM /HSE 影响的情况下从“最低出价者”购买	安装最便宜(而不是性价比高)的设备，导致事件/故障率增加	• 建立健全过程安全文化(参见第 5 章)； • 严格执行资产完整性和可靠性要素(参见《基于风险的过程安全》第 12 章)
未保证替代品可接受的情况下，用更便宜或不同的产品替代	安装不合适且故障的设备，导致事件/故障率增加	• 严格执行资产完整性和可靠性要素(参见《基于风险的过程安全》第 12 章)； • 严格执行变更管理要素(参见《基于风险的过程安全》第 15 章)
选择现场执行工作的承包商不在批准的承包商名单上，或对承包商执行可能影响过程安全的工作缺乏监督	• 现场承包商伤害增加； • 维护、检查或执行不当，导致事件/故障率增加	严格执行承包商管理要素(参见《基于风险的过程安全》第 13 章)
现货购买符合大部分但不是所有既定规格的原材料	腐蚀加剧、结垢严重、意外反应等增加，导致事件/设备故障率增加	严格执行包括原材料规格的适用上/下限的过程知识管理要素(参见《基于风险的过程安全》第 8 章)
将原材料、中间产品或产品转移给以前没有处理过的工厂或客户	• 腐蚀加剧、结垢严重、意外反应等增加，导致事件/设备故障率增加。 • 因对潜在的安全问题审查不足，导致过程安全事件增加	• 严格执行过程知识管理要素(参见《基于风险的过程安全》第 8 章)； • 严格执行变更管理要素(参见《基于风险的过程安全》第 15 章)

续表

可能的行为	潜在的负面影响	预防性措施
要求工厂生产尚未在实验室/中试规模上充分研究过的新产品	• 腐蚀加剧、结垢严重、意外反应等增加，导致事件/设备故障率增加。 • 因对潜在的安全问题审查不足，导致过程安全事件增加	• 建立健全过程安全文化(参见第5章)； • 严格执行过程知识管理要素(参见《基于风险的过程安全》第8章)； • 严格执行变更管理要素(参见《基于风险的过程安全》第15章)
要求工厂制造新等级的产品或混合物，但所需操作超出既定的操作限制	腐蚀加剧、结垢严重、意外反应等增加，导致事件/设备故障率增加	• 严格执行过程知识管理要素(参见《基于风险的过程安全》第8章)； • 严格执行变更管理要素(参见《基于风险的过程安全》第15章)

(15) **全球供应链**。同样，全球范围的供应链，特别是对大公司，可能会造成或鼓励一些类似购买 BMS 的行为，以及其他潜在的行为和负面的 PSM/HSE 影响。这些行为、负面影响和预防措施如表 7.5 所示。

(16) **全球客户服务**。在全球范围内与客户打交道的企业可能会表现出类似于采购或供应链 BMS 的行为，并引入有潜在负面 PSM/HSE 影响的其他行为。潜在的客户服务 BMS 行为、负面影响和预防措施示例见表 7.5。

(17) **生产或制造计划**。一个组织的生产计划 BMS 可能会驱使有潜在负面 PSM/HSE 影响的行为。表 7.6 列出了潜在的生产计划 BMS 的行为、负面影响及预防措施。

表 7.6　预定计划的行为、影响及预防性措施

可能的行为	潜在的负面影响	预防性措施
大修延迟或检修停运超过了工艺设备检验/测试的既定间隔时间	工艺设备或管道故障，导致泄漏事故增加	• 建立和维持健全的过程安全文化(参看第5章)； • 严格执行资产完整性和可靠性要素(参见《基于风险的过程安全》第12章)
迫于压力，缩短大修和检修停运的时间，或相比操作程序过于频繁地开启备用设备	(1)无法按规定的时间间隔进行检验/测试；(2)无法维修或更换禁止/旁路控制、备用设备等(或在运行时实施作业，即更高风险)；(3)无法遵守操作程序，导致操作问题、事故和故障增加	• 建立和维持健全的过程安全文化(参看第5章)； • 严格执行资产完整性和可靠性要素(参见《基于风险的过程安全》第12章)

续表

可能的行为	潜在的负面影响	预防性措施
夹具或其他临时泄漏修复所用时间过长	• 夹具或其他泄漏修复设施的故障，导致泄漏事故增加； • 由于未找到根原因，同样的系统内会发生其他的故障	• 建立和维持健全的过程安全文化（参看第5章）； • 严格执行资产完整性和可靠性要素（参见《基于风险的过程安全》第12章）或变更管理要素（参见《基于风险的过程安全》第15章），这些要素可用于管控夹具和类似泄漏修复的问题

（18）**并购**。并购是做生意的业务之一，也是全球行业面临的持续挑战。然而，公司评估、实施和整合新设施或业务的方法可能会产生各种各样的负面PSM/HSE影响。CCPS出版的《过程安全采购评估和并购后整合指南》（参考文献7.2）讨论了潜在的陷阱以及避免或最小化的措施。本书的附录和随附的电子文件包括：①应调查或解决的过程安全问题的广泛清单；②可能的整合计划或草案；③整合预算工具草案。

（19）**合约定制**。许多公司的商业模式包括临时或永久的合约定制，通常是：①生产相对小批量的新的或小型的产品或中间产物；②补充内部生产。在这些情况下，当前的挑战包括确保：①决定合约制造前要由专业人员考虑潜在的PSM/HSE影响；②根据承包商是否具有充足的PSM体系或是否需要满足上一级公司的部分或全部产品安全管理要求，做出明晰公开的决策；③确保满足既定要求的所有体系就位。如果这些挑战没有得到解决，那么很多超出本书范围的负面PSM/HSE影响可能发生。有关更多信息，请参见CCPS《外包制造业务过程安全指南》（参考文献7.3）。

（20）**业务连续性规划**。许多公司的BMS包括业务连续性规划，即规划如何应对可能影响业务的事件（例如，供应链中断、关键基础设施的损失或损坏）。当计划避开PSM体系的要求时，相应会出现潜在的负面PSM/HSE影响。由于可能采取的各种各样的行动，所以在这本书中就不试图提供示例。但应该注意的是，严格的MOC体系和健全的安全文化支持下的预定计划，应该有助于减轻最有可能的业务连续性计划/行动的潜在负面影响。

7.3 公司和地方政治问题

虽然认识到BMS和PSM/HSE体系间会有冲突，也可能找到解决方案。但一般情况下，必须在企业内部或通过地方政策来解决。换言之，此时需要说服一些关键人员做出改变，还需要通过某种途径来改变“那不是我们这里做事情的方式”的态度等。描述组织机构内部存在的各种政治问题、如何化解这些问题等话题，并不在本书讨论的范围。但是读者应意识到这一点，并做好准备根据具体情况来加以解决。

7.4 现有 BMS 的工作流程和程序

正如精心设计的 PSM 体系有工作流程和工作程序(参见第 4 章)，精心设计的 BSM 系统也是如此。因此，将 PSM/HSE 体系与 BMS 整合的人员应比较其相互影响(如 7.2 节所注明的区域)，从而确定需要做出哪些变更(单个或两个体系)来最大限度地减少冲突与负面影响，并提高体系绩效。

7.5 现有 BSM 的计划性变更

当 PSM/HSE 体系与现有 BMS 整合时，要了解 BMS 近期的变更计划。这样，在必要时应根据计划来对 PSM/HSE 体系和 BSM 实施变更，确保变更发挥出最大化的协同作用，并提升这两种体系的融合程度。

7.6 与现有 BMS 对接

第 7.2 节讨论了 PSM/HSE 体系与 BMS 对接时，可能存在一些体系或日常工作的问题。但这些对接问题也许并不全都存在，也可能还有额外的对接问题。因此，重要的是密切审查现有的和将要实施的体系，确保对所有适用的对接问题进行整理和记录，并在整合工作中解决这些问题。

7.7 化解与 BMS 的冲突

一旦确定了所有潜在的冲突，PSM/HSE 体系与 BMS 整合工作就应：(1)识别实际和潜在的冲突；(2)运用 7.2 节中的预防性措施，制定和实施解决方案来化解这些冲突。

7.8 参考文献

7.1 Center for Chemical Process Safety of the American Institute of Chemical Engineers, *Safe*

Design and Operation of Process Vents and Emission Control Systems, John Wiley & Sons, Inc., Hoboken, New Jersey, 2006.

7.2 Center tor Chemical Process Safety of the American Institute of Chemical Engineers, *Guidelines for Process Safety Acquisition Evaluation and Post Merger Integration*, John Wiley & Sons, Inc., Hoboken, New Jersey, 2010.

7.3 Center for Chemical Process Safety of the American Institute of Chemical Engineers, *Guidelines for Process Safety in Outsourced Manufacturing Operations*, John Wiley & Sons, Inc., Hoboken, New Jersey, 2000.

8 管理未来的过程安全绩效

如果公司或现场将 PSM 体系的实施工作作为一个项目，与安装工艺设备的投资项目一样，当监管和维护不到位时，PSM 体系可能会受到“损害”。因此，通过制定计划和活动方案来管理未来的过程安全绩效至关重要。

本章介绍了如何确保 PSM 体系实施到位，从而避免以往的 PSM 体系失效模式并且了解其失效的早期警示信号。

8.1 确保建立起强健的 PSM 体系

《基于风险的过程安全》(参考文献 8.1)指出“制造、存储或使用危险化学品的工厂须建立具有安全运行和维护要求的强健的过程安全管理体系”。就这方面来说，一个强健的体系可定义为“具有应对意外变化且不失稳定性的体系”(改编自维基百科)。强健的 PSM 体系具有容错性，这意味着其在一个或多个要素失效时它仍能继续正常运营(改编自维基百科)；强健的 PSM 体系还具有一定的弹性，即随着时间的推移它能处理这些意外变化；强健的 PSM 体系需要有一定的持续性，能经得起时间考验。

因此，工厂或公司需要实施新的 PSM 体系、增加新要素或强化现有要素时，应建立更加稳固、合适且具可持续性的 PSM 体系。

强健 PSM 体系的关键成功要素

以下是实施和保持 PSM 体系的一些关键成功要素：

(1) **愿意变更和改进**。为了实现过程安全零事故的目标(包括未遂事故)，企业应该愿意做出变更。尽管之前处理事情的方式很管用或至少很合理，但为了实现最佳绩效，在一些活动和方法中可能需要做出改变或根本性的变化。

(2) **崇尚适用性**。《基于风险的过程安全》中反复出现的一个潜在主题是，PSM 要素以及与其相关的管理体系必须具有适用性(见表 8.1)。无论体系的适用性如何，如果负责实施的人员不采用高标准，这些体系仍将不稳定。

(3) **注重过程安全文化与操作纪律**。正如本书第 3 章和第 5 章以及《基于风险的过程安全》与《工业过程安全改进的操作规程与操作纪律指南》(参考文献

8.2)所述，企业潜在的文化以及每次以正确的方式执行各项任务的人员纪律与企业纪律，对于实施任何 PSM 体系来说都是至关重要的。它们对于体系的强健和可持续发展也非常重要。

注：创建和保持良好安全文化的基本特征(见表 8.2)，尤其是前三个特征，要求提供管理层的领导力，这一点是不可替代的。

表 8.1 适用性概述

原则：管理体系应尽可能简化，在决定管理体系所需的“严格程度”时，仍需考虑以下适用性问题： • 对工艺、设备(或设施)与企业的复杂性、危害与风险的认识； • 体系的业绩要求和实现业绩所需的资源要求； • 当前公司/工厂文化。 业绩：设计、改进并提升 PSM 体系的活动

表 8.2 良好安全文化的基本特征

1. 建立以安全为核心价值的文化；	7. 依靠专业知识；
2. 提供强大的领导力；	8. 确保公开有效的沟通；
3. 建立并强化高绩效标准；	9. 建立提问/学习氛围；
4. 规范安全文化的重点内容和建立途径；	10. 培养相互信任；
5. 保持危机感；	11. 对安全问题和关注点做出及时反馈；
6. 赋予员工履行其安全责任的能力；	12. 持续监督绩效。

(4) **创建有效的学习型组织**。过去几年里，在建立 PSM 学习型组织的重要性方面(参考文献 8.3~8.9)形成了许多书籍、论文和介绍。创建有效的学习型组织的重要因素包括：

- 采用根原因分析法对所有 PSM 体系中出现的“偏差”(不只是事故)进行分析，可确定并整改任何反复出现的绩效问题；
- 保持纠正过程的有效性，能够及时解决并正确实施 PSM 体系要素的整改措施；
- 开展高质量的事件调查，确定根原因；
- 检查过程安全评估指标，对不良趋势实施改进(参见第 5 章有关衡量和评估指标的内容)；
- 明智的审查不仅要着眼于 PSM“文字工作”，还应关注实际的 PSM 绩效和任何潜在的系统问题。通过有效的管理审查来定期检查过去的活动、当前的绩效与未来的趋势，并积极讨论各个 PSM 体系要素需持续改进的区域(有关管理审查和持续改进，请参见第 5 章)。

8.2 避免以往的PSM体系失效模式

过去，多数企业的PSM体系实施和执行过程中出现过失效。通过评估PSM要素的失效模式和确定PSM体系失效的原因，可避免类似的失效发生。

8.2.1 评估PSM要素的失效模式

为了评估过去出现过的(或将来可能出现的)PSM要素失效模式，建议每个要素使用以下三步法评估：

(1) 通过下列步骤确定基本的PSM要素：

a. 审查要素的书面程序。

b. 确定要素和体系周期处于以下哪个阶段：

- 设计开发阶段；
- 实施推广阶段；
- 日常运行阶段；
- 监督改进阶段。

c. 制定(或审查和更新)要素实施流程图。

d. 审查相关事故的根原因，找出要素的薄弱环节或改进机会。

e. 审查要素的评估指标(前导和滞后指标)。

f. 审查要素前两个审核周期的结果。

g. 将事故、根原因、审查结果、观察项和绩效指标分配至：

- 要素出现问题时所处的阶段；
- 要素失效时所处的工作环节。

(2) 突出绩效问题最大时要素所处的阶段。

(3) 突出要素绩效问题发生最多时在工作流程中所处的环节。

下面举例说明PSM要素失效模式。

MOC要素失效模式实例

若假设最典型的MOC程序生命周期有四个阶段(设计开发、实施推广、日常运行、监督改进)，那么专家评估组会为日常运行阶段确定以下潜在的失效模式：

- 没有识别出所提议的变更，导致体系失效；
- 当变更不符合紧急变更的既定标准时，被划分为紧急变更；
- 在MOC审查过程中，错误地将同质同类替换(例如备件更换)当作变更；
- 在MOC类型或审核路径方面，对所提议的变更不恰当地分类；
- MOC初始信息不足；
- MOC初始审查未完成、不充分；

- MOC 审查人员资格不足；
- 使用错误的 MOC 审查方法；
- 遗漏了 MOC 危险审查步骤，审查顺序不正确或审查不完整；
- MOC 危险评估不足，导致危险遗漏或风险评估不当；
- 紧急 MOC 审查程序的要求不完整；
- MOC 授权不足(例如，发生错误、遗漏或接受不当的风险)；
- 过程安全信息未根据变更进行更新；
- 未向员工通知变更；
- 未对员工进行变更培训；
- 向员工传达的信息或提供的培训有误或不足；
- 临时变更未做进一步或定期的审查，超过变更有效期；
- 在临时变更之后，无法将系统恢复到原来的状态；
- 变更管理审查记录不足或遗漏；
- MOC 延迟或记录丢失。

同样地，可为 MOC 程序的另外三个阶段(即设计开发、实施推广、监督改进)制定失效模式，注意任何一个阶段都可能出现最多数量的差距或错误。

8.2.2 确定 PSM 要素或体系失效的原因

PSM 体系或要素失效通常与文化因素有关。因此，可通过以下方面来预防、分析或纠正失效：

(1) 通过以下来评估 PSM 体系或要素失效的原因：

- 将 PSM 体系/要素绩效问题与文化特点联系(或“对应”)起来(参见附录Ⅶ)；
- 将 PSM 体系/要素绩效与已知的文化薄弱环节进行比较；
- 确定哪些文化特点影响了体系/要素的绩效。

(2) 通过以下做法确保 PSM 绩效的持续改进：

- 通过技术改进，提高 PSM 要素绩效；
- 通过文化提升来解决文化的薄弱环节；
- 监督文化变更和改进。

8.3 关注早期预警

有效地管理过程安全绩效的最后一步是关注早期预警。以小汽车开到沟渠里的案例进行类比，如果沟渠代表不良的过程安全绩效，那么企业或现场需要确定小汽车是否：

- 进入过程安全的沟渠；
- 在沟渠的边缘；
- 靠近或瞄准沟渠；
- 远离沟渠；
- 与沟渠保持恰当的距离。

关注企业的警示信号

从图形角度来看，识别企业的警示信号并对其做出反应的一个方法是确保企业的安全金字塔(有关背景信息，请参见第2章)没有缺陷，如图8.1所示(图下面注释了问题原因)。

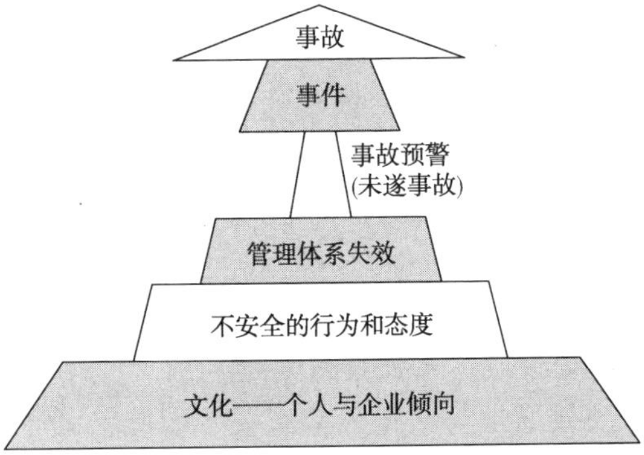

图8.1 “有缺陷”的安全金字塔示例

图8.1注解：

为什么金字塔“有缺陷”？因为未成型或不完整。

为什么金字塔未成型或不完整？因为绩效证据的来源缺乏可见性和准确度。

缺乏可见性或准确度的示例有哪些？

- 报告不充分(如像未遂事故这样的前兆几乎不上报，并且金字塔较低级别的数据应更多一些)；
- 趋势分析不到位(如数据未按揭示金字塔失效的方式进行报告)；
- 缺乏分享(如可获数据未与企业内合适的人员分享，即未与那些能解决问题的人分享)；
- 缺乏监督(如未收集某个层面的数据、收集数据的频率低，或相关人员未跟踪结果)。

8.3.1 企业层面常见的警示信号

(1) 缺乏足够的PSM影响评估和缓解措施，引起组织机构的变更/压力。例如：

- 外部因素引起的法规、执法、经济、灾难、成为被合并和收购的对象等方面的变更；
- 内部因素如能力丧失、企业数据库和资源丢失、失去重心、工作超负、被合并和收购、领导团队和人员不稳定、大修或旷工等引发的变更；

(2) 绩效证明的来源缺乏可见性和准确度(即未维持良好的金字塔)。这可能因报告不充分、趋势分析不到位、缺乏分享和绩效监督不力所导致。

(3) 不良过程安全文化的表现如下：

- 人员没有报告(或隐藏)产生不良绩效或失效相关的问题；
- 有打击举报者的倾向(如不良绩效或失效的报告者会被公开或秘密处罚，或被公开批评)；
- 缺少提问和学习环节(参见上述8.1节的学习型组织讨论)；
- 没有追究未遵守规程的情况；
- 安全与生产的优先级关系含糊不清或不合理；
- 自满(如失去危机感)；
- 互相信任的程度低；
- “筒仓”心态，即职能小组不分享信息，不合作解决共同问题等；
- 安全职责错位(如安全是某小组或某些人的工作，而不是每个人的工作)；
- 看不到且无效的领导力；
- 偏差常态化(如忽视报警和旁通联锁，接受不符合规程的做法)。

8.3.2 装置层面应被监控的警示信号

(1) PSM前导指标[有关更多的信息请参见本书第5章、《基于风险的过程安全》《识别加工行业的灾难性事故警示信号》(参考文献8.10)与ANSI/API RP 754(参考文献8.1.1)]。

(2) 行为信号。包括：

- 安全工作惯例的不符合率(如在行为观察和安全工作惯例现场审核等期间的不符合率)；
- 危险行为或行为安全观察的趋势；
- 安全系统旁通率不恰当；
- 操作程序或操作范围偏差。

(3) 仅限当地使用企业警示信号(以上所列)：

- 组织；
- 可见性；
- 文化。

8.4 考虑其他强化措施

最后，企业应考虑利用其他强化措施来完善 PSM 体系，并降低事故和伤害。示例如下：

- 增加或提高信息技术与软件的使用率来提高 PSM 体系的有效性(网站上与本书相关文件中的“PSM 软件汇编”列出了许多当前可用的软件包)。
- 严重的伤亡(SIF)预防理念和类似方法，用于解决过程安全程序未覆盖的区域(参见附录Ⅱ)。
- 风险登记和类似方法用于管理并降低现场和企业的风险。
- CCPS 和其他组织机构的未来出版物，会不断推进过程安全学科的发展。

除以上示例外，企业还应不断关注内外部可以完善过程安全程序的新想法。

8.5 参考文献

8.1 Center for Chemical Process Safety of the American Institute of Chemical Engineers, *Guidelines for Risk Based Process Safety*, John Wiley & Sons, Inc., Hoboken, New Jersey 2007.

8.2 Center for Chemical Process Safety of the American Institute of Chemical Engineers, *Conduct of Operations and Operational Discipline for Improving Process Safety in Industry*, John Wiley & Sons, Inc., Hoboken, New Jersey, 201 1.

8.3 Senge, Peter M., The Fifth Discipline: *The Art & Practice of the Learning Organization*, Doubleday, New York, New York, 2006.

8.4 Easterby-Smith, Mark' Luis Araujo, and John G. Burgoyne, *Organizational Learning and the Learning Organization: Developments in Theory and Practice*, SAGE Publications Ltd., Thousand Oaks, California, 1999.

8.5 Garvin, David A, Amy C. Edmondson, and Francesca Gino, "Is Yours a Learning Organization?" *Harvard Business Review*, Harvard Business School Publishing Corporation, Boston, Massachusetts, March 2008.

8.6 Arendt, Steve, "Continuously Improving PSM Effectiveness - A Practical Roadmap," *Process Safety Progress*, American Institute of Chemical Engineers, New York, New York, Vol. 25, Issue 2, June 2006, pp. 86-93.

8.7 Throness, Barry, "Keeping the Memory Alive, Preventing Memory Loss That Contributes to Process Safety Events," *Process Safety Progress*, American Institute of Chemical Engineers, New York, New York, Vol. 33, Issue 2, June 2014, pp. 115-123.

8.8 Senge, Peter M., Art Kleiner, Charlotte Roberts, Richard Ross, George Roth, and Bryan Smith, *The Dance of Change: The Challenges to Sustaining Momentum in a*

Learning Organization, Crown Business, The Crown Publishing Group, New York, New York, 1999.

8.9 Frank, W. L., "Safety Culture in the CCPS Risk-based Process Safety Model-An Update," Global Congress on Process Safety, 2014.

8.10 Center for Chemical Process Safety of the American Institute of Chemical Engineers, *Recognizing Catastrophic Incident Warning Signs in the Process Industries*, John Wiley & Sons, Inc., Hoboken, New Jersey, 2011.

8.11 ANSI/API Recommended Practice 754, *Process Safety Performance Indicators for the Refining and Petrochemical Industries*, American Petroleum Institute, Washington D. C., April 2010, www.publications.api.Org/.

附录Ⅰ　PSM 全球规程/良好的行业惯例

详见：http://www.aiche.org/ccps/implementing-ps-download

密码：Implementation 2016

附录Ⅱ 美国礼来公司及其 PSM 实施案例分析

1. 前言与目标

本案例研究提供了全球制药企业礼来公司(Lilly)实施 PSM 程序的工具和细节。

死亡前一切都是美好无害的。

——库尔特·冯内古特“第五号屠宰场”

尤其像礼来公司这样的企业实施 PSM 时，引用库尔特·冯内古特的话看来是恰到好处。礼来公司创立于印第安纳州的印第安纳波利斯，并在此建立了总部，这里也是美国一个讽刺派作家的家乡。PSM 工作往往风险高、概率低。正因为这样，它很容易被人们所忽视，直到无法挽回的时候甚至悲剧发生之时。

PSM 的实施是一个过程，但预防灾难最终是为了保护人员。这意味着：

- 人员在工作结束后能够平平安安地回家；
- 确保邻居的生命安全不受伤害；
- 为员工提供安全的工作场所。

再也没有比这更重要的了。

在礼来国内公司，经验教训的学习是 PSM 成功实施并持续运行的关键所在。我们必须需要做到以下几点：

- 在高级管理层中确立一位 PSM 领导者，并进行持续的管理和监督；
- 委派经验丰富的 PSM 人员和具有现场经验的 HSE 领导人员负责实施；
- 实施 PSM 最简单的要求就是使人们产生危机感和紧迫感；
- 能认识到各种风险等级的需求，确保高风险过程具有额外的安全措施或要求(例如，关键安全操作-SCO 理念)；
- 衡量实施期间的进展；
- 生成实用工具来帮助工作的实施(不仅是添加内容)，并将它们与现有业务程序整合(例如，HSE 事故和变更管理)；
- 建立可靠的 PSM 审核程序以帮助其可持续性发展；
- 协助管理人员维护基本的前导及滞后评估指标，现场人员可以自发汇报这些指标；

- 从可靠的第三方寻求外部建议，从而帮助员工与管理人员进行沟通、支持和改进；
- 定期完善 PSM 体系，保持其可持续性。

希望礼来公司的经验教训对其他公司和现场的 PSM 实施及持续运行有所帮助。

礼来公司的灾难预防一直持续到今天。礼来公司的 PSM 程序是全球整合过程安全管理(简称 GIPSM，发音为 jip' sem)，最初的意图是覆盖大约 80%的潜在性灾难。正如我们的 PSM 领导在实施时所说，“不要让完美挡住去路”。

为了解决剩余的 20%，礼来公司最近发起了两项举措：潜在的灾难性危害(CPU)与严重伤亡(SIF)分析。这些举措使用的工具和细节包括在此案例研究中。

2. 礼来公司 PSM 概况(大约 1998 年)

在 20 世纪 80 年代后期，礼来公司的过程安全相关活动(常为非正式)分散在整个生产制造阶段。那时，为响应像博帕尔灾难这样的事故，负责生产和开发的工程管理部门认识到需要正式实施过程安全管理体系。因此产生了过程风险审查，现在普遍称为过程风险分析。但之后没多久，美国联邦政府的 PSM 规定生效，就像大多数公司一样，礼来公司根据联邦政府的 PSM 规定(OSHA 过程安全规定 29 CFR 1910. 119)开始实施 PSM。大多数公司的典型做法是：

- 公司的程序手册由第三方人员于 90 年代中期制定，这些人员拥有礼来公司或其他公司的现场经验，但在每个现场处理危险化学品的经验都很有限；
- 在 PSM 手册制定期间，经常从安全专业人员而非工程和生产管理人员处获得现场反馈信息；
- 现场参观、电话会议和公司人员的电邮等渠道在实施时提供了信息支持；
- 审核工作由公司人员领导，但不包括外部专家的意见及建议。

1995 年之前，礼来公司所属工厂进行自我评估，结果只发现了有限的偏差。1995 年和 1996 年，礼来公司进行了首次 PSM 审核，发现了一些较大的偏差，与之前自我评估发现的有差异。

这些审核结果促成了过程安全工作组的成立，该工作组由现场生产管理人员及公司各专业代表组成(HSE、工程、研发等)，于 1995 年召开第一次会议。工作组提高了 PSM 在管理层中的知名度，并推进了 PSM 的一些工作。但对许多人来说，PSM 仍被视为他们被告知要去做的事情(例如为了合规性)，而不是他们认为有价值而主动去做的事情。该工作组的一项主要建议是，应在 1997 年底进行一轮 PSM 审核，以检查 1995 年和 1996 年所提出问题的现场解决情况。

在 1997 年审核之前，两个事件极大地改变了礼来公司的 PSM 进程。化工过程研发的试验装置发生了一起火灾。该火灾没有造成伤亡，并且造成的破坏不大，但生产运行受到了影响。三天后，另一装置的危险化学品泄漏导致该装置停工六个月。幸运的是现场及其临近人员都未暴露在泄漏的危险物料中。这两个事件促使公司重新调整审核计划的重点。

公司调整后的审核计划发现了 PSM 程序中的根本缺陷。

- 在大多数现场，管理人员或现场人员不理解 PSM，充其量认为其是另一个 HSE 程序；
- 许多化学品不在 OSHA 的 PSM 涵盖范围，并且 PSM 程序也未涉及类似后果；
- PSM 要素过于独立，未与工厂的其他业务程序整合；
- 公司的 PSM 人员在工厂未被看作可靠的专家；

为什么直到该阶段 PSM 的实施还不完善？

PSM 审核所显示的缺陷是 PSM 实施不到位的根本原因。这些原因包括：

- 缺乏管理层的理解和支持；
- 与业务系统的整合所产生的额外工作经常得不到执行；
- 无效的培训和工具，导致理解和执行困难；
- 缺乏有能力的人员实施 PSM。

3. 高级管理人员确定需求和推动变更的过程

礼来公司在 1997 年发生的这两个事件给 PSM 工作组以及工厂其他管理人员敲响了警钟。负责 PSM 工作组的工厂负责人利用他的影响力将这些事件的经验教训传授给其他生产管理人员，并重新策划了 PSM 工作组的工作。

该 PSM 工作组增加了公司内外的专家顾问。他们帮助生产管理人员为礼来公司建立了 GIPSM 的基本内容，并通过一系列 GIPSEM 图标进行概述，对于礼来公司的管理人员和员工来说简单易懂。实施期间所使用的四个 GIPSM 图标如下所示：

- GIPSM 的建立原因；
- GIPSM 流程图；
- 防御/事故模型；
- 生产/保护空间。

（1）**GIPSM 的建立原因**

PSM 事件不经常发生，因此实施中最大的挑战是保持危机感。此图标为 GIPSM 提供了清晰易懂的目标。它强调过程安全事故中会发生什么，从而产生危机感。

此图标使用工艺设备燃烧的培训演习图片来产生对隐患的紧迫感。同时，此图标涵盖了遵守内外部法规和要求的需要。

（2）**GIPSM 流程图**

GIPSM 流程图由 PSM 工作组（高级生产经理负责牵头）与内部高级顾问共同开发，由工作组的高级领导成员最终确定。这个“三回路思维模式”使用三个系统来帮助建立并维持充分的防御体系，并保持原状不衰退。“三回路思维模式”包括 16 个 GIPSM 要素。

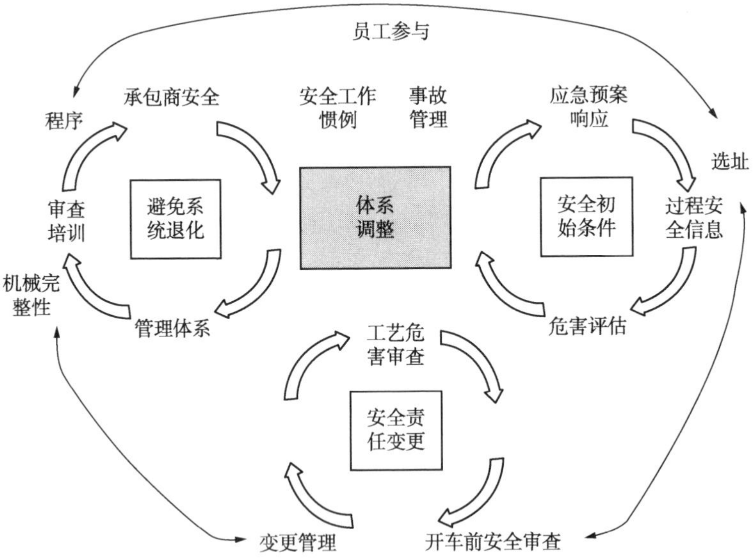

- 安全初始条件：装置选址、危害评估、过程安全信息和过程风险审查；
- 安全责任变更：变更管理和开车前安全审查；
- 避免体系衰退：管理体系、机械完整性、程序、培训、承包商安全和审核；

• 与所有回路或要素相关的主要要素：事故管理、员工参与、应急响应预案、安全工作惯例(即动火作业、进入受限空间、断路作业、上锁挂牌等)。

本理念的核心是各要素遵守计划-执行-检查-改进(PDCA)管理理念，这与业务系统或业务运行相关联(例如管理体系调整)。

注：此模型相当灵活，可用于预测初始条件、变更和体系衰退的其他业务程序(如质量、工程、操作等)。

(3) **防御/事故模型***

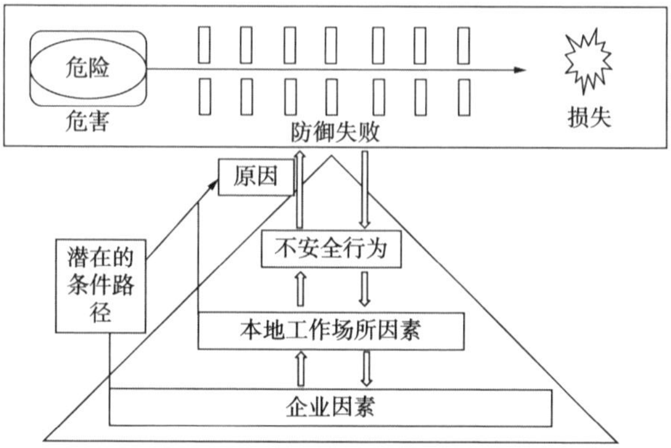

* 改编自《企业事故的风险管理》(作者 James Reason)

防御/事故模型首先由一个内部高级技术人员提出。基本内容是防御可能失效，从而造成损失。工厂典型的防御包括：

• 安全设计和足够的信息；
• 操作程序和培训；
• 维护和变更管理程序。

防御失效的基本原因是防御模型的四个最终要素：

• 不安全行为；
• 本地工作场所因素；
• 企业因素；
• 隐藏的失效条件(潜在的条件路径)。

GIPSM 的要素提供了 16 个管理系统，做好以下几点，这些系统会具有防御功能：

• 最初就提供充分的防御：
  ○ 过程安全信息
  ○ 过程风险审查
  ○ 危害评估

  - 选址
- 保证防御到位：
  - 变更管理
  - 开车前安全审查
  - 管理系统
  - 审核
  - 员工参与
- 保证防御具有可操作性：
  - 机械完整性
  - 承包商安全
  - 培训
  - 程序
  - 安全工作惯例
- 确保后果得到缓解并组织预防性学习：
  - 应急预案和响应
  - 事故管理

(4) 生产/保护空间

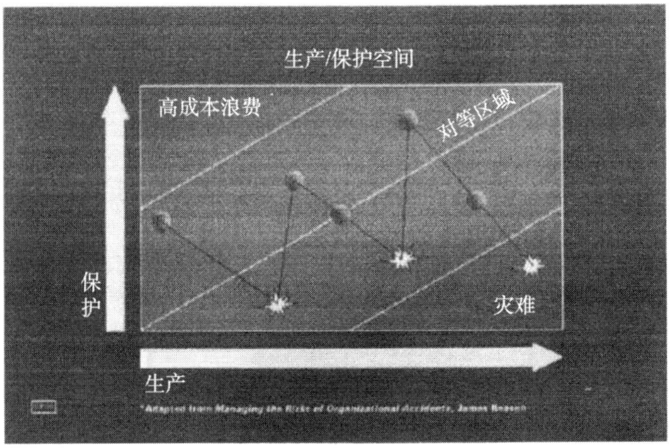

生产/保护空间图标说明在考虑生产过程的额外安全措施时需要找到一个平衡。工厂需要找到防御费用和防御程度达到平衡的“平衡区”，否则会发生灾难性损失。

该图进一步显示当生产风险增加时(即 PSM 过程)，对额外安全措施的需求也应随之增加。这些理念也为 PSM 风险等级的划分提供了依据。

高级管理层建议，为具有更高潜在灾难性后果的 PSM 化工过程建立风险类别的概念。这就要求实施团队要建立一个用于确定高风险过程的程序。他们建立了关键安全操作(SCO)选择工具(网站上提供了与本书相关的文件)。此工具允许工厂决定哪个 PSM 程序具有更高的风险等级，哪些被认为是高风险操作(HROs)和 SCOs。实施团队进行了研究，并与工厂一起合作，为 SCOs 确定了约 32 个额外要求。从 SCO 里面也最终产生了 16 个要求，划入 HRO 过程中。这些额外要求为与其相关的高风险过程增加了额外的安全措施(管理体系和物理防护措施)。

4. 确定目标、奠定工作基础

高级生产管理人员同意资助 GIPSM 实施，就类似于资本投资项目，目标明确并且项目经理来自礼来公司制造厂，了解现场的工作。他聘请了一批具有 PSM 实施经验的人员和一家以 PSM 实施而闻名的咨询公司。

召开会议启动 GIPSM 举措，高级生产管理层作为关键人员来确定目标、奠定基础，包括以下 7 点：

- 认识不同风险等级并和要求相匹配；
- PSM 要素与现有业务程序整合；
- 创建对现有业务程序有效或业务需要的工具；
- 确立公司的要求，包括全球各工厂的所有规定要求；
- 确保具有类似危险但法规未涵盖的化学品具有相同的要求；
- 利用工厂提供的信息进行可靠的差距分析；
- 为礼来公司工厂实施 GIPSM 建立时间节点，举行年度或双年度会议进行回顾，如下第 5 部分的图表所示。

5. 基于风险的方法(适用性、低风险、潜在灾难性危害[CPH]、高风险、HRO、SCO 等)

高级管理层认为，可能引发灾难性后果的化学品虽然未包括在过程安全管理规定中，但其也应遵守 GIPSM 要求。因此，他们支持创建适用性过程风险筛选工具。在过去的几年中，此工具有许多版本，但其根本依据是礼来公司高级工程师所完成的工作。此工作包括研究 OSHA 的 PSM 标准、EPA 风险管控程序(RMP)法规和欧洲“塞维索”指令所涵盖的化学品。该适用性方法在此基础上对不同类型的化学品进行了划分，这些化学品具有类似的灾难性后果，即易燃性、易爆性、化学反应失控和健康危害。网站上与本书相关的文件提供了过程风险筛选工具，在适当的情况下可以使用。

注：此工具可以使用 NFPA 危害分级规范来代替礼来公司实验室的安全标签规范。

注：过程风险筛选工具中不包括粉尘爆炸危害，因为礼来公司具有关于可燃性粉尘的专门标准。

GIPSM 的等级

第 5 级	PSM 最终是一个成套的体系而非单独的部分。从研发过程到工厂设计以及持续运行(即研发、公司项目工程、工艺工程、质量等)都应包括 PSM 的关注事项	2006 年以后
第 4 级	• 注重实施(例如关键安全操作审核) • 注重人力资源的整合(即研发科学家、公司项目工程师、工艺工程师、技术服务专家以及质量人员等) • 职能领导支持——不只是健康和安全或生产管理人员 • 评估指标注重实施——外部审核人员监督进程	2004~2006 年
第 3 级	• 对“关键”区域进行“程序”改进 • 确立评估指标，监督“程序”改进 • 可衡量的现场要素评估、未遂事故、事故管理、机械完整性改进	2001~2003 年
第 2 级	• “程序”到位——改进依据 • 建立关键的安全操作要求 • 监督改进确定的一些评估指标	2000~2001 年
第 1 级	• 建立 GIPSM——现场制定要求——确定差距 • 现场建立差距分析实施的评估指标——1000 个工作时——程序基础	1998~2000 年
第 0 级	• PSM 程序是什么？——礼来公司没有 PSM 事故 • 建立 PSM 工作组——由工厂和公司高级管理人员组成	1993~1998 年

GIPSM 方法对高风险事件、HRO 和 SCO 程序提出了要求，这些程序为礼来公司约 80%的过程风险提供安全措施。

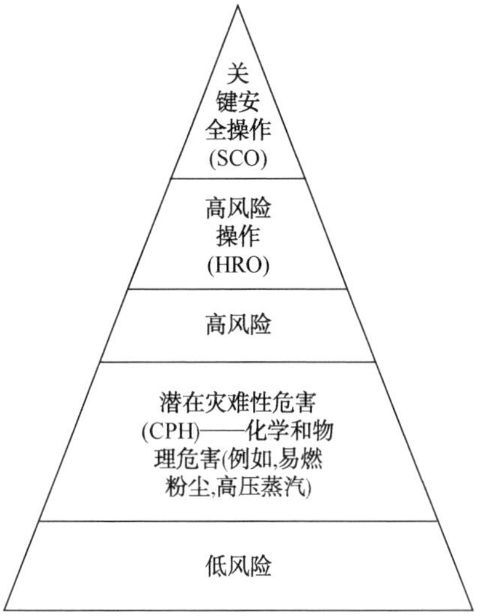

过程风险金字塔

人员终于认识到，存在的其他化学和物理危害都具有潜在的灾难性，但灾难性风险和额外的安全措施要求缺乏可预见性。其中包括在 PSM 范围之外的过程、高腐蚀性化学品(酸和碱)、高压蒸汽生产工艺等。最后，高级管理层同意组建团队(包括工程技术中心)来创建 CPH 风险筛选工具。这个工具确定化学和物理的灾难过程，帮助确定它们是否为 PSM 管理方面的内容。一旦确定之后，装置现场要评估这些 CPH 程序的安全措施，必要时还需建立额外的安全措施。

随着 CPH 方面举措的增加，过程风险金字塔展示了当前基于风险的方法。

6. GIPSM 如何进行步骤变更与持续改进的实例

GIPSM 实施方法由许多阶段组成：

- 由内部专家和外部顾问建立“照原样”和“应该是”的 GIPSM 程序描述、GIPSM 技术要求和各要素组成的 GIPSM 地图。这些工作应由车间现场工作人员来检查，以更新内容并确保其包含全球的要求。网站上与本书相关的文件提供了一个开车前安全审查(PSSR)文件的实例(PSSR 程序描述文件，PSSR 过程图和 PSSR 要求文件)。
- 建立 GIPSM 工具供工厂使用：
  - 适用性——过程风险筛选工具，SCO 选择工具；
  - 过程安全信息——PSI 模板举例*；
  - 变更管理——变更管理响应与影响评估工具说明*，其与自动变更管理数据库和跟踪工具配合使用；
  - 机械完整性——机械完整性清单*，机械完整性测试和检查指导*。
  - 事故管理——与自动变更管理数据库和跟踪工具配合使用的根原因分析程序(当前使用 Track Wise)。

(网站上带*的项目在与本书相关内容一致)

- 建立 GIPSM 的培训课程：
  - 为期两天的 GIPSM 理念课程(通过内外部事故和人为因素的案例分析来探索 GIPSM 理念)，培训对象为工程师、工程负责人、操作管理人员及安全专业人员；
  - 为期半天的领导课程，主要介绍理念、案例分析和现场 PSM 项目的定制化内容，培训对象为所有维修、操作和辅助人员，包括装置现场主管和经理；
  - 线上培训，向所有 PSM 人员介绍 GIPSM 和程序的一些高阶要求及工厂 PSM 程序的定制内容(如工厂的 GIPSM 化学品/过程)。
- 在牛皮纸上进行“照原样和应该是”的偏差分析程序。首先将大量牛皮纸布置在墙上，将“应该是”的图放在纸上，然后与现场团队一起确定现场的业务过程步骤。当确定偏差后，制定解决偏差的行动计划。
- 将至少由三人组成的实施团队派至每个工厂来执行现场的“照原样和应该是的”偏差分析。每个工厂每次至少接待三个团队，进行为期四周的工作，目的是制定现场的行动计划，将 GIPSM 与本地人员所使用的现场程序整合起来。
- 通过以下方面来协助现场的实施：
  - 使用工具；
  - 使用培训模板；

  ○ 组织现场推广活动；
  ○ 建立现场沟通计划(例如，提供推广和沟通工具)。

• 确定 GIPSM 要素程序的现场负责人(现场要素负责人)，他们负责确保行动计划的实施。另外，确立全球要素负责人，目的是保持联系，并为现场要素负责人提供持续改进的专业知识(包括外部对标)。

• 建立长期的沟通计划，包括召开年度或双年度会议，确保持续改进和 GIPSM 更新。

GIPSM 董事会(由现场和高级生产管理人员组成)的创建和持续支持是确保可持续发展的关键所在。董事会向 GIPSM 程序提供指导、资源和持续改进支持，同时也会审查关键的评估指标。

7. PSM 实施时的关键失效因素

• PSM 实施期间，公司和现场的工作人员和领导层的低流动性至关重要。建议 PSM 人员和领导层能够连续工作 3~4 年或更长时间，如果员工知道他们只从事 1~2 年的 PSM 工作，那么他们就不会积极主动地为 PSM 的顺利实施和长期运行而努力。

• 未能找到实施 PSM 的合适人员。PSM 实施是一个非常漫长的过程，也是一份艰难的工作，成功与否是用零事故来衡量的。即使没有事故事件发生，通常也不会得到好评。这就是为什么在实施过程中给予奖励或表扬的重要性所在。为了确保效果，持续强化和表扬鼓励是必不可少的。此外，应确保现场的 PSM 由那些具备现场工作经验的人员来实施。比方说，如果生产和工程团队领导人在真正成为负责要素实施的 GIPSM 团队领导人之前没有现场生产和工程技术管理经验的话，在具体实施方面将存在很多问题。

• PSM 的实施是一项艰苦的工作。对于无法做某件事，人们会找出各种借口。所以需要制定沟通计划，其中包括定期分享 PSM 全球事件来推进实施。例如，定期召开 PSM 全球会议，建立沟通网络，使大家了解到同样问题的解决案例。在每个工厂和全球沟通体系中发布了实施状态的新闻稿，有助于分享解决方案，并加强工厂及人员之间的沟通。

8. 对维持程序与持续改进至关重要的项目

• 良好可靠的 PSM 审核程序对现场人员和管理人员是非常重要的，有必要去现场验证他们是否言行一致。因此，PSM 审核程序需要完善，包括：

  ○ 一个全面的 PSM 审核协议，包括监管、SCO 和 HRO 要求；
  ○ 一名外部顾问来确保客观而公正的审核过程；
  ○ 审核团队应包括其他工厂的代表，从而增加审核的公信力；
  ○ PSM 审核每三年进行一次；

○ 附加的 SCO 审核协议和对存在 SCO 过程的工厂进行的单独 SCO 审核；

○ 审核期间日常更新工作并强化企业管理，便于在审核团队完成现场审核之前解决问题(对公信力至关重要)。

• 工厂应及时汇报一些基本的前导和滞后评估指标。这些评估指标必须公开(面向现场和管理人员)。滞后评估指标是 PSM 事件。前导指标包括机械完整性预防维护计划逾期及 PHRs 与 PHR 行动计划逾期。

应定期与高级管理层分享评估指标，形式可以是公开论坛或由授权的团队设置(例如由现场负责人参加的 PSM 委员会会议)。企业或组织负责人要求其现场负责人参加该类会议也是非常重要的，这样所有生产现场人员都可以认识到 PSM 的重要性。

• 需要可靠的第三方顾问以及其他人的参与，并告知高层领导和现场负责人发生重大 PSM 事件的后果。礼来公司邀请了一位大型化工公司的高层领导参加晚宴并分享了他经历的一起重大 PSM 事件。当时州警察、EPA、地方警察、卫生部门、验尸官等都参加了现场的调查和处理，他的分享发人深省。几年后，礼来公司的 CEO 到达粉尘爆炸现场，并向全球的 PSM 工厂直播交互式商业电视会议，这次事故真正使各级领导深刻地认识到实施 PSM 管理的重要性。大家不希望再次发生 PSM 事件。

在此期间，礼来公司邀请了一位沟通专家来帮助他们为每个装置定制沟通计划。以下是沟通的经验教训：

• 记录、整合信息，并反复沟通。不能发布过多的 PSM 信息，一般人只接受 1~10 条信息。考虑使用视频、海报、电子邮件等形式。

• 定期制定鼓励性的、持续改进的 PSM 实施活动/机会(如 PSM 海报、人员交流会、视频会议、定期演讲等)。使用展示 PSM 品牌的促销产品也会有所帮助(如钢笔、咖啡杯、T 恤衫等)。

• 建立 PSM 人员的关联网，他们希望成为 PSM 要素专家，并愿意通过电话、视频会议等方式分享经验。

• 建立统一的培训模板和课程，使人员产生危机感及对 PSM 持续改进的紧迫感。

9. 礼来公司灾难预防的未来趋势和总结

如前所述，潜在灾难性危害(CPH)方面的要求和严重伤亡(SIF)的举措试图解决 GIPSM 所未能解决的 20%的灾难性风险。

礼来公司 CPH 的要求由以下部分组成：

• 使用由礼来公司技术专家制定的 CPH 风险筛选工具(参见网站上与本书相关的文件)来分析现有的危害；

• 利用工具来确定并发布工厂的 CPH 程序，并加强安全措施，确保做好灾难性事故的预防工作；

礼来公司现场制定了 CPH 程序，程序中包括一些 GIPSM 要求：

• 对所确定的 CPH 程序进行评估(例如，PHR，FMEA，LOPA 等)；
• 为 CPH 评估提供过程安全信息；
• 按照 CPH 评估要求，为识别 CPH 工艺提供规程和培训；
• 为识别 CPH 工艺需要进行的变更管理；
• CPH 工艺设备的预防性维护；
• CPH 工艺事故的根原因分析；

礼来公司的 SIF 举措由以下组成：

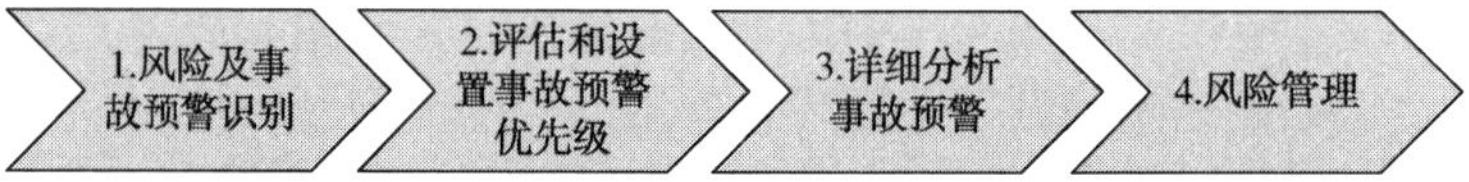

此举措的核心是确定 SIF 的预警指示。SIF 的预警指示被定义为“管控措施缺乏、无效或不符合规定的一种高风险情况，如果允许其继续或重复则会导致严重伤害或死亡”。

礼来公司对生产操作中的伤害和未遂事故分析已形成了一份包含 41 个 SIF 预警指示的清单，这些指示分为以下 8 类：

• 高处作业；
• 全身与带电设备接触；
• 进入受限空间；
• 重型设备和叉车/工业用机动车辆(PIT)操作；
• 电气区域划分/高压电气作业；
• 火灾和爆炸；
• 可能坠落的物体；
• 大量有毒化学品的处置。

这些情况在《严重伤亡(SIF)类型和预警指示参考指南》列出(参见网站上与本书相关的文件)。

此举措的目标是开展全面而详细的分析，确定防止预警情况发生的关键要求，进而与现场人员分享这些要求，并与他们合作，共同确保现场工作与关键要求之间的差距被消除。

注：SIF 举措将过程风险与职业安全行为风险相结合，从而有可能从另一种角度降低总体的灾难性风险。

最后的评论：“PSM 从未终止，你的工作也远未完成”。

通过使用以下工具来保持或持续改进 PSM：

- CPH 和 SIF 举措；
- 工厂和企业的年度 PSM/健康和安全目标；
- PSM 会议；
- 分享 PSM 事件教训(内外部)；

以上内容是确保企业的灾难性危害预防措施和 PSM 充满活力的关键所在。

10. 致谢和附录

为本案例研究中的经验和文件分享所提供的支持，感谢以下礼来公司的管理人员和审查人员，他们为上述案例研究提供了宝贵经验和文档。同时也要感谢礼来公司中那些为顺利实施关键程序付出艰辛工作的人们。非常荣幸与你们分享灾难性危害预防措施。

审查人员：Steve Gillman（退休），Allan Holmberg（退休），Judith Macklin，Bernard McGarvey 博士，Brian Reising 和 William Walasinski；

网站上与本书相关的文件所提供的项目如下：

- 过程风险筛选工具；
- PSSR 过程描述文件；
- RSSR 图；
- PSSR 要求文件；
- 安全关键性操作(SCO)选择工具；
- PSI 模板；
- 变更管理响应和 IAT 工具评议；
- MI 清单举例；
- MITI 指导；
- CPH 风险筛选工具和工作实例；
- CPH 程序；
- 严重伤亡(SIF)预警指示的指南。

附录Ⅲ　基于风险的过程安全(RBPS)

实施工具

过程安全实施是一个艰难而不可预料的“地面游戏”(借用橄榄球/足球/英式橄榄球来类比)。可看作由以下步骤组成，首字母缩写为BPTA:

B=关键工作的业务程序与现有程序整合，由直接管理人员支持，高层管理人员发起；

P=基于和支持业务程序的规程与工具，这些规程与工具能被执行者和受影响者所理解和遵守；

T=规程与工具的培训和沟通，包括对理解程度的验证；

A=审核和自我评估，以确保上述三个步骤的可持续性。

也许这些步骤中了解最少的概念是“RBPS实施工具”。另外，此概念(更确切地说是未充分利用和缺乏支持)是许多RBPS实施失败的根源。一个工具可能有多种形式，可以是简单的、便宜的，也可以是价值几百万美元的、复杂的。它可以包括以下一个或所有内容:

- 一个模板/表格；
- 一个Excel表；
- 一份复杂的书面指导；
- 一个复杂的IT数据库。

下表以图书《基于风险的过程安全》(CCPS，2007年)中提出的基于风险的过程安全(RBPS)要素为基础，能够帮助读者在实施RBPS管理体系或类似PSM时确定所需要的工具。

RBPS要素	工具	工具的目的	工具示例
对过程安全的承诺			
1. 过程安全文化	过程安全文化调查	初次评估(定期再评估)关于关键原则的过程安全文化，并制定改进行动计划	附录G源于BP美国炼油独立安全审查委员会的报告(2007年)(网站上与本书相关的文件中提供了副本)

续表

RBPS 要素	工具	工具的目的	工具示例
1. 过程安全文化	定期自我评估	监督过程安全文化	ANSI/API RP 754(炼油与石化行业的过程安全绩效指标)的第 8 节(第 4 级绩效指标-操作纪律与管理体系绩效)(详见 http://publications. api. org/)
2. 标准符合性	为涉及过程安全管理(PSM)的设施和特定设备制定的、贯穿整个生命周期的过程安全标准、规范及法律法规相关的 PSM 适用性或过程/风险筛选清单/指南/企业标准	—确定涉及的过程安全程序，并记录它们的边界条件 —确保工厂和设备进行安全设计、安装、检查和测试 —符合公认且普遍接受的良好工程实践(RAGAGEP)	过程风险筛选工具(参看网站上与本书相关的文件中礼来公司项目#1) 机械完整性测试与检验指南[参看网站上与本书相关文件中的礼来公司项目#9(MITI 指南)]
3. 过程安全能力	为操作、维护和支持涉及 PSM 过程的员工提供意识培训	向员工传达涉及 PSM 的程序、界限、主要危害和安全措施	美国化学安全委员会的事故报告和视频-参见 www. CSB. gov 认识加工行业的灾难性事故警示信号(CCPS，2011)
	短期和长期(3~5 年)的学习/沟通计划/策略	确定、组织并资助有助于实现企业 PSM 目标、提高 PSM 能力的活动(基于业务案例目标)	《基于风险的过程安全》第 5 章
	对比过程安全知识及专长与“超级矩阵”格式中预期能力水平的框架	针对不同的对象，从一线化工操作工、设备和仪表技术人员到高级管理人员，包括财务和业务执行人员，可以确定现有和预期培训程度间的差距，提出可能的补救建议	项目 239 最终产品：过程安全知识和专长的指南
	分享内外部 PSM 事故和教训的过程	根据相应学习内容，制定行动计划，并保持危机感	CCPS 的《过程安全警示灯》——参见 www. aiche/CCPS 类似公司的内部事故分享文件
4. 人员参与	PSM 具体的员工参与计划	—记录并与 PSM 相关人员沟通 —符合政府的规定(若适用)	员工参与计划的举例(网站上与本书相关的文件中提供了副本)
5. 与风险承担者沟通	危害评估研究和装置选址研究 与风险承担者沟通计划	—确定涉及 PSM 的过程中最糟工况与替代性泄放工况的关注区域 —确定会受到影响的场内外组织机构、人员、工厂和过程 —将如何沟通危害和安全措施，以及如何制定和沟通泄漏时的应急预案形成文件	《工艺装置建筑物在外部爆炸、火灾和毒物泄放中的评估指南》，第二版(CCPS，2012 年) 《基于风险的过程安全》第 7 章

续表

RBPS 要素	工具	工具的目的	工具示例
理解危害和风险			
6. 过程知识管理	各 PSM 程序的过程安全信息清单，这包括： —物料危害 —设备危害 —过程危害	—确保过程工程师了解所需要的过程安全信息的类型、范围和复杂性 —确保为过程危害审查和变更考虑合适的信息 —确保符合过程安全信息的规定要求	过程安全信息(PSI)模板(参看网站上与本书相关的文件里的礼来公司项目#1) 《过程安全文件指南》(CCPS，1995 年)
7. 危害识别及风险分析	详细描述危害识别/风险分析过程的程序	—确定合适的过程危害识别/风险分析工具 —确保合适的参与人员 —确保合适的人员审查，并批准相关建议和行动计划 —确保为相关建议和行动计划提供资源，并跟踪直到解决	《风险评估程序指南》，第三版(CCPS，2008 年)
	记录危害研究的软件工具，例如 HAZOPs、LOPAs、FMEAs 和相关的检查表	—允许快速、高效并一致地完成 PHA 工作表等 —通过发放表格/检查表实现更好的团队审查/达成一致意见 —方便进行风险等级评估，LOPA 计算等	参看网站上与本书相关文件中的“PSM 软件编译”
管理风险			
8. 操作程序	详细描述在开发操作程序时所遵循过程的程序	确保过程负责人将以下内容包括在程序中： —操作阶段(即停车、开车、正常操作、紧急操作等) —安全操作限值 —危害信息 —安全系统及其功能	《高效操作和维护规程的制定指南》(CCPS，1996 年)
9. 安全工作惯例	高危任务/位置的安全作业程序/许可，包括： —动火作业 —进入受限空间 —上锁/挂牌 —断路 —进出控制	确保为高危任务/位置进行合适的风险评估，并采取安全防护措施	《基于风险的过程安全》第 11 章

续表

RBPS 要素	工具	工具的目的	工具示例
10. 资产完整性 和可靠性	一份清单/电子数据表，用来记录所有涉及过程安全的设备、设施及其安装、维护和检查的类型、频度以及依据的规定标准/惯例	确保涉及过程安全的设备及其安全功能，测试与检查的频度和类型得到确定	机械完整性清单（参看网站上与本书相关的文件中的礼来公司项目#8）
	机械完整性测试和检查指南	确保测试与检查基于公认且普遍接受的良好工程实践（RAGAGEP-规范和标准）	机械完整性测试和检查指南［参看网站上与本书相关的文件中的礼来公司项目#9（MITI 指南）］ 《机械完整性系统指南》（CCPS，2006 年）
	管理维护和整体机械完整性程序的软件工具	确保按时执行测试，充分记录，并审查/分析结果	参看网站上与本书相关的文件里的“PSM 软件编译”
11. 承包商管理	确定承包商 HSE 危害/方面的检查表/程序	在进行工作前确定过程安全危害/化学品及其相关的安全措施	《承包商安全与健康的推荐指南》（德州化学委员会，2008 年）（网站上与本书相关的文件中提供了副本） 《为确保过程安全建立的承包商与客户关系》（CCPS，1996 年）
	危险过程概述培训和安全要求	确保向承包商传达危险物料和危险过程的知识	承包商安全与健康的推荐指南（德州化学委员会，2008 年）（网站上与本书相关的文件中提供了副本）
	传达本地/任务的风险和所需的安全防护措施的许可/程序	确保传达本地风险或计划任务风险、承包商引入的化学品，并落实相关安全防护措施	《基于风险的过程安全》第 13 章
12. 培训和 绩效保证	用于培训考核的检查表/模板（通常称为培训矩阵）	确保为各岗位制定所需的培训，并按时完成、完整记录	培训工作流程图和矩阵举例
13. 变更管理 （MOC）	每项变更的 MOC 和整改措施及预防性行动（CAPA）工具（使用程序生成唯一识别号，并根据变更范围/复杂性分配变更等级）。形式可以是：	—确保为变更范围分配合适的资源 —确保变更评估/审查和批准遵守有序的过程 —确保不“遗漏”变更项 —确保不要遗漏重要的实施步骤/行动计划，包括危害审查、规	市场上有许多 IT 数据库。例如，多数制药公司使用 Track Wise（登记商标）数据库 参看网站上与本书相关文件中的“PSM 软件编译”

续表

RBPS 要素	工具	工具的目的	工具示例
13. 变更管理 （MOC）	—一张简单的纸质表，附在纸质版变更信息（将唯一标识符和更改级别记录到单独的跟踪电子表格中）后面 —复杂的数据库/要求电子确认的 IT 程序/变更签字	程、培训、开车前安全审查等 —确保遵守过程安全法规要求和其他业务规定，如符合质量要求（如食品和药品管理要求）	
	一份有关安全和健康问题的纸质版或电子文件，为变更执行人员确定主要危害及其范围	—确保为变更的 H&S 审查/评估分配合适的资源 —确保不要遗漏重要的实施步骤/行动计划，包括危害审查、规程、培训、开车前安全审查等	变更管理响应与影响评估的工作点评——参看礼来公司案例分析中的附件 《过程安全的变更管理指南》（CCPS，2008 年）
	企业组织机构变更的整体或单独管理程序	确保企业组织的变更不会对 PSM 体系或其业绩产生负面影响	《企业组织变更期间过程安全风险管理指南》（CCPS，2013 年）
14. 运行准备	开车前安全审查程序（PSSR）	在向装置引入危险化学品前进行过程审查/暂停，以确保采取关键的步骤来预防过程安全事故。这包括以下项目： —项目建设 —正常停车 —紧急停车 —停车维修	PSSR 过程描述和过程图（参看网站上与本书相关的文件中的礼来公司项目#2 和#3）
	开车前安全检查表/程序	确定开车前更新关键的设备（例如调节阀门）、规程、培训、维护和过程安全信息	参看网站上与本书相关的文件中的礼来公司项目#4（PSSR 要求文件） 《实施有效的开车前安全审查指导》（CCPS，2007 年）（PSSR 检查表和规程参见本书的光盘）
15. 操作守则	以统一的、约束性的方式来管理工厂的人员、程序和装置	确保政策、程序和惯例得到可靠、一致且正确的实施，这些内容构成了工厂的风险管控体系	《操作行为和操作纪律——改进工业过程安全》（CCPS，2011 年）
16. 应急管理	充分计划、高效培训、实际演练、与风险承担者有效沟通的计划和规程，在事故发生前应遵守这些计划和规程	确保应急响应预案有效、经过检验；确保应急人员接受培训，装备齐全；确保能否保护人员、环境和财产	现场紧急情况的技术方案指南（CCPS，1995 年），《基于风险的过程安全》第 18 章

续表

RBPS 要素	工具	工具的目的	工具示例
经验学习			
17. 事件调查	事件调查表 根原因分析方法	确保收集和沟通事件所需的一致信息 确保正式调查持续而准确地进行	《化工过程事件调查指南》，第二版（CCPS，2003 年）
	用于事故汇报、调查、报告批准，根原因分析与整改措施管理的软件工具	能提供一致而完整的报告和文件，并实现纠错措施的综合管理	参看网站上与本书相关的文件中的“PSM 软件编译”
18. 衡量与 评估指标	评估指标要求：（1）敏感性高，几乎可实时帮助工厂管理人员监督 RBPS 管理体系的绩效和效率；（2）传达给合适的人员进行常规监测（或在重大或突然变更时作为“公告”）	在 RBPS 要素的工作活动退化为“失效”状态（绩效或效率）之前，识别 RBPS 管理体系在发展过程中的薄弱环节并对其要素相关的工作活动进行调整	ANSI/API RP 754（炼油和化工行业过程安全绩效指标）（详见 http：//Publications. api. org/）
19. 审核	审核或自我评估协议 审核协议/检查表包括装置及其生产工艺、PSM 和 HSE 管理体系的各个方面	—确保对要求进行持续而彻底的评估或审核 —在收购前识别重大的风险和潜在的日常监管缺陷 —确保在企业新旧标准整合期间识别并解决潜在的差距	《过程安全管理体系审核指南》，第二版（CCPS，2011 年）； 《收购评估与合并后整合指南》（CCPS，2010 年）
20. 管理审查和 持续改进	管理审查团队定期与负责各个 RBPS 要素的人员召开会议的过程：（1）介绍程序文件和实施记录；（2）提供对环境条件和人员活动的直接观察情况；（3）回答有关程序活动的问题	对 PSM 体系进行定期检查，以便在审核或事故发生之前确定并纠正当前或初期的缺陷	《基于风险的过程安全》第 22 章

附录Ⅳ 过程安全业务案例

详见：https://www.aiche.org/ccps/about/business-case-process-safety

附录Ⅴ 工厂风险评级过程案例

(《过程安全管理体系实施指南》第一版附录 5-1)

注：

(1) 下述示例仅是诸多风险评级方法之一，来自第一版指南。目的是作为初步筛选工具，用以评估各工厂的总体风险。

(2) 当前普遍使用的类似方法包括风险登记和“最高风险”。

(3) 未提及定量风险标准的风险评级是不完整的。有关此主题的更多信息，请参看《定量安全风险标准制定指南》(CCPS, 2009)。

1. 有关危险物料数量及状态的数据收集

可使用 OSHA CFR 1910.119 中的危险物料清单，或全球行业协会和监管部门发布的其他类似清单。根据可获取的信息采用相应的方式来收集有关工厂部门、危险物料数量及其储存条件等数据。

- 如果有合适的工艺流程图或工艺仪表流程图，则可用来确定危险物料所在的装置。
- 如果没有理想的工艺图纸，则可以确定与其他生产工艺相隔离的代表性设备的主要工艺(例如换热器系统、冷冻回路、精馏设备、反应器系统)。
- 节点中的物料量和储存条件可根据装置物料平衡获得。
- 可以使用设备机械设计图纸计算主要设备的物料量，也包括处理区的留存量。
- 除主要设备的物料外，还有相关管道和其他辅助设备的物料。在缺乏数据的情况下，则添加 20%的余量。
- 可以使用流量、停留时间和流量关闭所需时间的估算值来大致计算潜在泄放量。这些信息通常可从操作规程上获得。
- 也可从倒班日志(通常记录关键状况信息)上获得操作条件的数据，或通过调查中控室和现场来获得相关数据。

2. 潜在危险区域的评估

不同物料产生不同的危害，包括热辐射、爆炸超压、有毒气体和可燃蒸气云。有的物料仅产生一种危害，而有的也许四种危害都会产生。为评估工厂的风险，需要估算受到潜在危害影响的最大区域。这需要计算某一特定危害等级的最大顺风距离。以下是普遍使用的临界值：

(1) 热辐射 5kW/m^2(30s 内皮肤严重烧伤)；

(2) 爆炸超压 0.1 bar(g)(轻微的结构损坏、砖石、玻璃等倒塌致伤等)；

(3) 毒性危害 IDLH(立即危及生命健康)或 AEGL(急性暴露指南水平)浓度；

(4) 可燃蒸气云燃烧下限。

每个标准代表一个会发生伤害的等级。另外，其他的一些标准也是合适的。例如，在使用现有的危害计算时，可以使用公司制定的标准或地方设定的标准。

许多节点内会出现混合物料。由于能够处理混合物的危害模型很少，所以可以选择其中一个具有代表性的物料。对于易燃物料来说，一般最合适的做法是选择沸点最接近混合物平均沸点的物料。对于有毒物料来说，可以选择毒性最强的物料，但必须降低初始浓度来反映泄放物料的浓度。

只要选择了物料的数量、危害标准和代表性物料，后果模型就可以确定潜在的危害区域。一般来说，一些泄放情况会非常相似，因此可将类似情况组合从而减少模型的数量。所选择的模型包会提供设置方式和运行模式的指导。

3. 工厂评级

根据各泄放量的最大危害距离可确定工厂的等级。尽管危害可能不止一种(包括热辐射、爆炸超压、有毒蒸气和易燃蒸气云)，但每种泄放应只使用一个危害距离。排名最高的工厂的潜在泄放危害总距离最大。

但切记，在此基础上的工厂评级不作为对邻近社区产生潜在危害的依据。有可能最具危害的工厂位于遥远无人居住的区域，在这里不太可能发生工厂边界外的伤害事故。

在评级中考虑位置因素，用危害总距离乘以工厂邻近区域的平均人口密度。当人口随距离变化，可能需要按距离改变密度。一个有效的方法是考虑 1km、2km、5km 和 10km 半径的同心圆内的人口密度。

工厂风险评级结果

设施	危险物料	最大可信泄放量	最大危害距离/英里	评级
工厂 A	无水氨	500lbs/min，持续 20min	4.7	1
	丙烯	200lbs/min，持续 30min；爆炸	0.1	
工厂 B	氯	30min 内 2000 lbs	3.8	2
	丙烯	200lbs/min，持续 30min；爆炸	0.1	
工厂 C	30%氨水	300lbs/m，持续 20min	1.8	3
	丙烯	200lbs/min，持续 30min；爆炸	0.1	

注：表中所示的最大危害距离基于 EPA 的 RMPComp 模型计算。

附录Ⅵ PSM计划的介绍案例

PSM实施程序任务与进度安排

任务	节点	日期
制定设计规范	开始 结束	1/15/2015 2/28/2015
创建要素/体系工作流程	开始 结束	2/27/2015 4/30/2015
估算要素/体系工作量/资源	开始 结束	3/15/2015 6/30/2015
制定要素/体系规程/政策	开始 结束	7/1/2015 12/31/2015
体系推行	试验开始 完整实施开始 所有现场实施	1/15/2016 7/1/2016 12/31/2016
监督初步实施和绩效	每月	12/31/2017

PSM实施程序资源要求	人员	其他资源
制定设计规范	6人-周	2人-周咨询服务
创建要素/体系工作流程	6人-周	2人-周咨询服务
估算要素/体系工作量/资源	4人-周	根据附录Ⅲ制定/采购"实施工具"
制定要素/体系规程/政策	12人-周	6人-周咨询服务
体系推行	48人-周	12人-周咨询服务
监督初步实施和绩效	8人-周	2人-周咨询服务

PSM实施程序汇报与问责	主要推动人	汇报文件
制定设计规范	PSM经理	确认信
创建要素/体系工作流程	PSM工程师1	月度状态报告
估算要素/体系工作量/资源	PSM工程师2	初步和最终估算
制定要素/体系规程/政策	PSM经理	月度状态报告
体系推行	PSM经理 装置经理	月度概述报告 月度进度报告
监督初步实施和绩效	PSM经理	月度概述报告 主要季度管理审查

PSM实施程序结果	
制定设计规范	概述要求
创建要素/体系工作流程	理解并记录命令和互动信息
估算要素/体系工作量/资源	确定资源要求和需求
制定要素/体系规程/政策	管理系统描述和相关工具
体系推行	实施PSM体系
监督初步实施和绩效	监督和持续改进

附录Ⅶ　绩效问题映射文化特征

注：此信息摘自“ABSG 咨询公司的介绍”及“2009 年全球过程安全会议的海报介绍”。

1. 提高 HSE 绩效的数据来源

- 事故；
- 绩效衡量(例如评估指标、关键绩效指标、指示板)；
- 回顾审查——审核、危害/风险分析等；
- 行业小组内分享的最佳惯例；
- 与同行的对标；
- 全球最先进技术评估。

2. 术语

- **金字塔**：修改后的安全三角关系(或金字塔)。有关更多信息，请参见第 2 章。
- **增长**：金字塔各层的事件在高度(即数量)和/或规模(即程度)上的增长。
- **文化——个体与企业的倾向**：不良文化事件的数量/程度(可基于调查记录、访谈，以及对过程、保洁、沟通频度与有效性评估的管理访问)；
- **不安全行为和态度**：这种观察的数量/程度(可基于所完成的安全检查与所完成基于行为的安全观察)；
- **管理体系失效**：对这样的失效进行衡量(可基于 HSE 审核分数和结果、逾期项目数量、提出的整改措施、安全会议出勤、完成的培训、逾期/延期 MI 检验、报警频度与事件调查有效性评估)；
- **事故预警**：险遭意外的指数(可基于过程安全未遂事故报告数量、不安全条件报告数量及对安全系统的需求数量)；
- **事件**：衡量“较低等级”的事件(例如根据急救事故数量、严重事故比率、小型泄漏和火灾的数量与应急响应团队出动数量)；
- **事故**：产生重大影响事件的数量/程度(例如过程安全事故数量与事故严重程度)。

3. 金字塔

（1）目标是抑制“金字塔的增长”

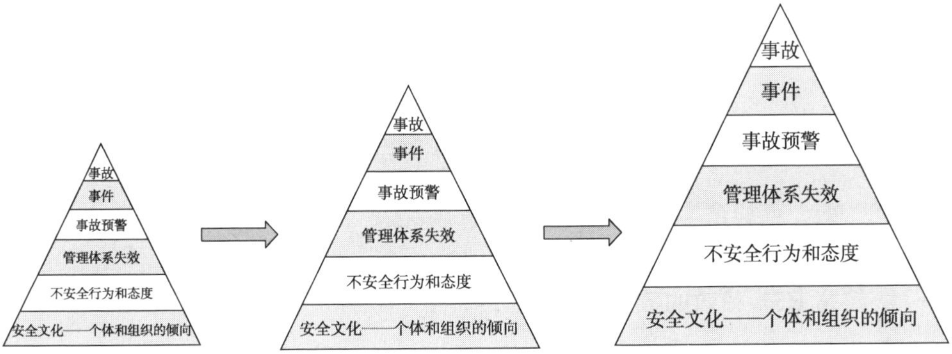

（2）怎么抑制？“重塑”金字塔

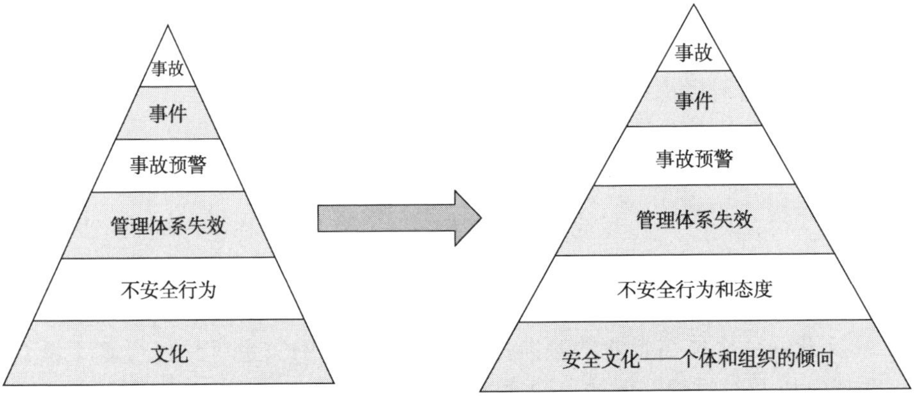

（3）金字塔的“低层学习经验教训”

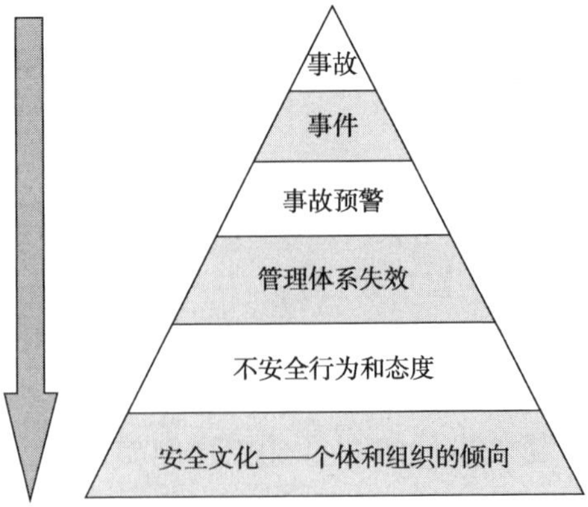

（4）形成更小形状更好的金字塔

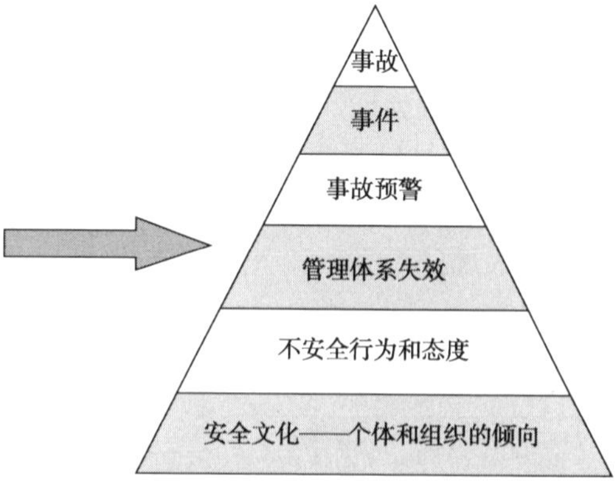

4. HSE 文化

（1）HSE 文化的重点

- 文化是组织/人员记忆中的所有行为的结果。
- 塑造/影响个体的行为和倾向。
- 良好的文化是在小组寻求正确解决共同问题时所形成的共同价值和态度上发展起来的。
- 文化可定义为在无人监督的情况下人员/企业的行事风格。
- 难以衡量，难以改变。
- 文化将是下个十年发展结果的“根原因”。

（2）良好 HSE 文化的特点

- HSE 为核心价值。
- 提供强大的领导力。
- 建立并强化高绩效标准。
- 将 HSE 文化重点/方法形成文件。
- 保持对隐患的紧迫感。
- 授权并履行 HSE 职责。
- 尊重专家的意见。
- 确保公开有效的沟通。
- 建立提问/学习环境（增加对危害和风险的意识/理解）。
- 培养共同信任。
- 及时响应 HSE 问题和关注事项。
- 提供绩效监督（促进持续改进）。

(3) **文化和技术 HSE 结果/问题的“关联”**

- 审核是一个值得学习的信息来源，但其有一定的频度，有时准确性有待提高。
- 事故是允许在整个公司找到根源并沟通潜在风险的另一个来源。
- 文化因素为这些 HSE 管理结果奠定了基础，但难以确认。
- 文化根源与 HSE 结果的技术性是有关联的。
- 提供了围绕金字塔底部进行学习和改进的机会。

(4) **“关联”的过程**

类似如下：

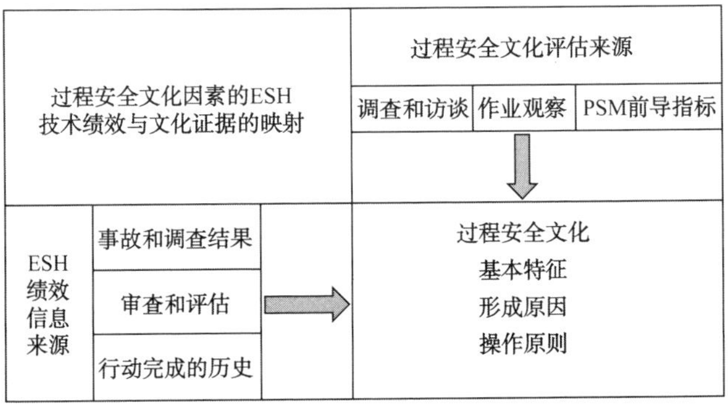

(5) **文化起因分析方法**

- 文化调查揭示当前工厂/公司的文化而非其形成的过程。
- HSE 结果揭示可能的 HSE 文化失控区域。
- 可以将结果与良好 HSE 文化的基本特点联系起来，或将结果与“不良”的 HSE 文化起因联系起来。
- 只能推断文化根源，因为难以对文化历史根源进行取证分析，“证据”最多是轶事性质的。
- 将技术和文化结果联系在一起是学习和整改措施的关键所在。

(6) **工厂/公司的过程安全/HSE 文化评估的内容**

- 文化调查/访谈
  - ○ 确定重点——安全、过程安全还是 HSE；
  - ○ 进行调查；
  - ○ 试点测试；
  - ○ 确定交付/管理方法——纸质、在线；
  - ○ 收集/分析数据。

- 管理人员访谈
  - ○ 确定重点——安全、过程安全还是 HSE；
  - ○ 准备访谈问题；
  - ○ 进行访谈；
  - ○ 收集/分析数据。
- HSE 管理体系的绩效衡量
  - ○ 确定当前的评估指标或定义收集数据；
  - ○ 分析结果。

以下的过程安全绩效保证审查(PAR)©战略图概述了以上所有信息。

索 引